군, 대한민국의
마지막 학교

군, 대한민국의 마지막 학교

발행일	2020년 4월 3일			
지은이	서준혁			
펴낸이	손형국			
펴낸곳	(주)북랩			
편집인	선일영	편집	강대건, 최예은, 최승헌, 김경무, 이예지
디자인	이현수, 김민하, 한수희, 김윤주, 허지혜	제작	박기성, 황동현, 구성우, 장홍석
마케팅	김회란, 박진관, 조하라, 장은별		
출판등록	2004. 12. 1(제2012-000051호)		
주소	서울특별시 금천구 가산디지털 1로 168, 우림라이온스밸리 B동 B113~114호, C동 B101호		
홈페이지	www.book.co.kr		
전화번호	(02)2026-5777	팩스	(02)2026-5747

ISBN   979-11-6539-157-7 13390 (종이책)   979-11-6539-158-4 15390 (전자책)

이 도서의 국립중앙도서관 출판예정도서목록(CIP)은 서지정보유통지원시스템 홈페이지(http://seoji.nl.go.kr)와
국가자료공동목록시스템(http://www.nl.go.kr/kolisnet)에서 이용하실 수 있습니다.
(CIP제어번호: CIP2020013520)

(주)북랩 성공출판의 파트너

북랩 홈페이지와 패밀리 사이트에서 다양한 출판 솔루션을 만나 보세요!

홈페이지 book.co.kr   •   **블로그** blog.naver.com/essaybook   •   **출판문의** book@book.co.kr

군, 대한민국의 마지막 학교

서준혁 지음

나약하고 소극적인 청년을 애국심 넘치고 강건한 병사로 바꾸기 위해서는
지휘관이 달라져야 한다. 병사들과 소통하는 법에서 왜 피 흘려 싸워야 하는지

동기를 부여하는 법까지 수년간의 중대장 경험을 토대로
현역 육군 대위가 내놓은 지휘관 매뉴얼

북랩 book Lab

차례

추천사

과학화훈련단 단장
준장 문원식

　최근 군에 입대하는 장병들의 성향은 정보기술(IT), 인터넷 등 디지털 환경 변화의 흐름에 따라 빠르게 변화하고 있다. 따라서 이러한 특성의 팔로워들을 지휘하는 군의 리더(지휘관)들에게 요구되는 리더십은 과거와는 다른 빠른 적응성이다. 리더가 팔로워를 단순히 아끼고 사랑한다고 해서 리더십이 발휘되지는 않는다. 팔로워의 특성을 이해하고 상호작용함으로써 그 특성에 부합한 리더십이 발휘되고 전장에서 승리를 이끌어낼 수 있다. 이는 그들과 서로 공감하고 함께 부딪치며, 또한 자존감 형성과 자율성을 적절히 부여함으로써 가능하다. 이러한 조건이 충족되지 않아 병영 내 갈등이 발생하는 사례는 종종 목격된다. 식별되지는 않았지만 잠재하고 있는 부분도 상당히 있을 것이 분명하다.

　이 책의 저자 서준혁 대위는 대한민국 유일의 과학화전투훈련단(KCTC) 전문대항군연대 중대장이란 임무를 탁월하게 수행한 장교이다. 서 대위는 중대장 경험을 통해 '전투에서의 승리'라는 최고의 가치를 실현하기 위한 리더의 역할이 무엇인지, 병영 환경이 어떻게 조성되어야 하는지를 늘 고민하고 연구하였다. 모든 행위의 중심에는 사람이 있고, 그 사람들이 행복해야 조직의 목표가 달성된다는 것은 설명할 필요가 없다. 이 책은 군의 구성원이 전투에서 승리하기 위한 기반, 즉 리더와 팔로워의 상호작용을 통해 행복한 복무 문화를 정착시키고, 그런 복무 환경을 조성하는 데 기여할 것이다.

이 책은 단순히 책상에서 생각한 것들의 종합이 아닌 실제 경험을 토대로 실증에 기초한 연구 결과로써 대대장, 중대장, 주임원사 및 행정보급관 직책을 수행할 간부들에게 주는 시사점이 매우 크다.

귀한 책을 집필한 서 대위에게 격려의 박수를 보냄과 동시에 필자의 의도를 넘어 더 발전된 모습으로 적용되었으면 하는 생각이다.

추천사

과학화훈련단 훈련1처장
대령 이철규

　필자와는 과학화전투훈련단이라는 대한민국의 가장 특수한 부대(국군에서 유일한 부대)에서 연을 맺었다. 항상 진취적이며 자신의 의견을 소신껏 잘 표현하는 것을 보면서 다름을 느꼈고, 오랜 기간 복무하다 보니 알게 된 사실은, 자신이 군 생활을 하면서 느낀 점과 발전 방향을 논리적으로 정리하여 책을 두 권이나 집필하였다는 것이다. 실로 대단한 열정이며, 부하지만 존경심까지 들었다.

　이 책에서 필자는 우리의 부하인 동시에 미래의 주역인 장병들을 어떻게 지도해야 할지를, 주 독자층으로 삼은 중견간부들에게 잘 코칭해줄 수 있는 책으로 적었다. 필자의 경험(기계화부대 및 과학화전투훈련단 대항군 중대장, 과학화전투훈련단 중대급 제대 관찰통제관)을 바탕으로 잘 표현하여, 많은 중견간부와 용사들이 공감할 수 있을 것이라 사료된다. 또한 앞으로 군에 들어올 청년들과 군과 연관되어 있는 모든 국민이 볼 때 현역 대위가 이러한 것을 고민하고 그 결과 한 권의 책으로 집필하였다는 것은 군에 대한 신뢰를 더욱 높이는 계기가 될 것이라 생각한다.

이 책이 발간되기 전, 서 대위가 이 원고에 대한 의견을 구해왔다. 본인이 근속 30년의 휘장을 받을 때였다. 만감이 교차했다. 서 대위가 이 책에서 말한 군 생활 중 가장 어려우면서도 보람이 있었던 때가 언제였을까 돌아보니 중대장의 직책을 수행하던 시절이었다. 그때가 가장 보람차면서도 고민도 되고, 리더십 발휘에 대한 아쉬움도 많이 남는 시절이었던 것 같다.

그중에서도 서 대위가 이야기하였듯이 공감과 이해, 인정, 미소와 눈 맞춤, 자율성 및 자존감 발휘 극대화 노력 등이 좀 더 필요하지 않았나 하고 반성해본다.

모든 간부는 자신의 철학을 갖고 부대에 영향력을 발휘한다.

이 책을 읽는 소중한 기회를 갖게 된다면, 자기 인식과 성찰을 해보고 자신의 강점과 부족한 역량을 식별하여 부대원의 마음을 얻는 리더가 되길 바란다.

이를 통해 싸워 이길 수 있는 부대를 육성하는 중견간부들이 우리 육군에 넘쳐나길 하는 바람이다.

곧 전역을 앞둔 입장이지만, 이 책을 읽자 서 대위와 같이 육군의 발전과 대한민국의 미래를 위해 열정을 태우는 간부가 많은 것을 다행스럽게 생각한다.

이 기회를 빌어 30여 년의 군 생활 동안 많은 도움을 주신 선배님, 동료, 부하들에게, 그리고 부족한 저를 믿고 따라주시고 도움을 주신 전우 여러분께 감사의 인사를 드린다.

저자의 말

대한민국의 희망인 청년들과 군

 단 한 번도 위기가 아닌 적은 없었겠지만, 현대의 대한민국은 지금껏 겪지 못한 심각한 위기에 봉착해 있다. 경기 침체, 국가부채 문제, 한일갈등, 무역분쟁 등의 문제들은 아무것도 아닐 만큼 큰 문제이다. 바로 대한민국을 이끌어갈 청년들의 문제이다. 지금 대한민국의 청년들은 대부분 꿈이 없다. 근시안적인 시야를 가지고 사회의 제품이 되어야 하며, 사회의 기대를 만족시키지 못하면 가차 없이 도태당하는 무시무시한 시대의 한가운데에 있기 때문이다. 취직을 위해 타인보다 우월한 학점을 따야만 하며, 말도 통하지 않은 나라로 어학연수를 가야 하고, 원치 않는 봉사활동을 해야 한다. 그렇게 인턴 활동을 하는 이들이 취업이라는 바늘구멍을 뚫게 되면 4명이 할 일을 2명이 하길 바라며, 1명의 월급만을 지불하기를 원하는 고용주 아래에서 자신의 젊음을 착취당한다. 그리고 SNS와 TV 등의 매체를 통해 자기 또래이지만 자신과 달리 사치스러운 생활을 하는 이들을 보며 박탈감을 느낀다. 이런 이들에게 야망이 없다고, 미래에 대한 노력이 부족하다고 이야기하는 기성세대에게 우리 청년들은 어떠한 대답을 해줘야 하는 것일까?

　기성세대가 만들어낸 경직된 사회구조 아래서 무한한 경쟁만이 존재하는 학원 문화를 경험한 우리의 청년들은 진정한 자신을 내비칠 수도 없으며, 결혼은 물론 인간관계도 포기하였으며, 내 집 마련은 기약도 할 수 없다. 이들에게 '꿈을 위해 땀을 흘려라!'라는 기성세대의 꾸짖음은 실현 불가능한 이야기일 뿐이다. 대한민국이라는 사회에서 청년들은 사회의 주역이 아닌 도구가 되어야만 살아남을 수 있기 때문이다. 만약 이들을 진정으로 사랑하고 이들에게 꿈과 야망을 선물하고자 한다면 대한민국 사회는 변해야 한다. 때문에 군의 역할 역시 확대되어야 한다고 생각한다. 안보만을 책임지는 기관에서 대한민국의 공교육 기관으로 청년들의 마지막 인성교육을 담당해야 한다고 주장하고 싶다. 경쟁만이 유일한 가치가 되어버린 학원 교육에 희생된 우리 청년들의 인성을 회복하고 사회의 일원으로 만들어야 할 책임이 우리에게는 있다. 그들은 사랑받아야 하며, 존중받아야 하고, 보호받아야만 한다.

　그들이 한 명의 남자로서 세상에 올곧이 설 수 있도록 지도해야만 하는 것이다. 대한민국의 미래를 기를 수 있는, 아직 눈뜨지 못한 위대한 그들의 능력을 일깨워야 한다. 누구도 대한민국이 지닌 가치를 빼앗을 수 없도록 말이다. 그러기 위해서는 강압적이고 억압적인 병영 문화를 개선해야 하고, 간부들 또한 대한민국의 마지막 교육자로서의 역할을 수행해야 하며, 또한 청년들의 롤모델이 되기 위해 노력해야만 한다. 획일적 가치로 청년들을 평가하기보다는 그들의 잠재력과 다양성에 집중하고 상급자가 아닌 동료가 되어야 한다.

군은 전쟁을 준비하는 곳이지만, 사회는 보이지 않는 전쟁을 하는 곳이다. 그들이 보이지 않는 전쟁에서 승리할 수 있도록 우리가 올바르게 이끌어주어야만 한다.

책의 구성에 대해서

이 책은 필자가 두 번째로 출판하게 되는 책이다. 첫 번째 책은 임관한 지 얼마 되지 않았거나 곧 임관할 사람들을 주요 독자층으로 생각하고 집필했다. 이번 책은 중대장과 행정보급관 같은 중견 간부들이 읽어주었으면 하는 마음으로 집필했다. 이들은 군에서 보았을 때 병사들과 직접 소통하는 가장 상위보직이며, 상급부대에서 통제할 수 있는 가장 하급 제대의 책임자들이다. 때문에 많은 업무를 처리하고, 동시에 병사들과의 마찰도 심하다. 그래서 필자는 이들을 주요 독자층으로 구상하여 책을 집필하였다.

이 책은 5개의 이야기로 구성되어 있다. 첫 번째는 공감을 통한 의사소통을 이야기했으며, 두 번째는 스킨십에 대해서 이야기했다. 세 번째와 네 번째는 병사 개개인의 자아를 찾는 여정을 돕는 법에 대해 이야기했다. 마지막은 부대를 지속적으로 발전시키는 요인에 대해서 이야기했다.

독자들을 야전 군인이라는 가정 하에 이야기하자면, 일부 야전 부대에서는 적용하기 어려운 이야기를 필자가 할 수도 있다. 때문에 이 책에서 말하는 개념을 이해한 뒤에 개인의 판단에 따라 병사들을 지도해주었으면 한다. 비록 한 권의 책일 뿐이지만, 이 책이 독자들의 행동에 조금이라도 영향을 주어 병사들의 삶의 질을 향상시킨다면 필자는 매우 행복할 것이다.

특히 중대장들에게…

필자가 비록 군 생활을 오래 하지는 않았지만, 가장 힘들었던 순간이 언제였냐는 질문을 누군가 나에게 한다면 고민하지 않고 중대장 시절이라고 이야기할 것이다. 필자는 수도기계화보병사단에서 강재구 소령이 지휘했던 중대에서 1차 중대장 임무를 수행했고, 전문대항군 중대장으로 2차 중대장 임무를 수행했다. 지금은 중대장 임무수행을 마무리했지만, 돌아보았을 때 중대장 임무를 수행하면서 가장 크게 느낀 것은 중압감이었다. 사단의 선두에 서야 했고, 적 최초진지에 침투하여 해당 진지를 무너트려야 했으며, 몰려오는 적 연대를 내가 가지고 있는 역량으로 돈좌시켜야 했다. 물론 그러면서도 병사 한 명 한 명에 대한 세심한 관심과 긴장을 유지해야 했다. 이런 임무를 수행하면서 매번 생각한 것은, 너무나 많은 사람이 나를 믿고 있다는 사실이었다. 나 스스로 임무를 완수하지 못할 것 같다 느낄 때도 모두가 나를 믿고 있었다. 연대장님과 대대장님이 나를 비롯한 인접 중대장들에게 임무를 주실 때, 단 한 번도 능력을 의심하면서 임무를 주신다는 인식을 받지 못했다. 이는 임무에 실패했을 때도 마찬가지였다. 더욱 신기한 것은, 중대의 병사들이나 간부들과 대화할 때도 그들이 나를 끝없이 신뢰하고 있었다는 사실이다. 때문에 중대장 직책을 수행할 때는 단 한순간도 중압감을 놓을 수 없었다. 그늘의 기대를 저버리면 안 될 것 같았기 때문이다.

대부분의 중대장에게 군 생활은 힘들고 짜증나고 피곤할 것이다. 내가 그랬기 때문이다. 하지만 자신의 의무를 다하고 양심을 저버리지 않는 용기 속에 보람이 있을 것이라 확신한다. 중대장은 힘들고 어려운 것이 정상이다. 물론 내색할 수는 없겠지만, 그래야 한다. 만일 지금 그러한 방식으로 임무를 수행하지 않거나, 그것이 자신이 생각하는 중대장이 아니라면 다시 생각해볼 필요가 있다. 훈련을 준비하면서 힘든 것도, 중대원들이 원하는 대로 움직이지 않았을 때도, 최선을 다했지만 성과가 나오지 않았다고 해도 걱정할 필요 없다. 그것이 정상이다. 다른 중대장들과의 경쟁에서 이기고 싶겠지만, 그럴 필요 또한 없다.

못해도 좋다. 거짓된 행동으로 사랑받기보다는 솔직함으로 꾸중을 듣는 것이 낫다. 최선을 다했다면 결과가 좋지 않아도 모두가 최선을 다했다는 사실을 높게 생각한다. 임무의 성패도 중요하지만, 중대가 하나 되어 임무를 수행했다는 사실이 더 중요하다. 실패는 성공으로 가는 과정일 뿐이다. 임무 성공을 위해 위법한 행동을 하는 것은 범죄이고, 그것을 원하는 상사는 없다. 지식과 능력 또한 중요하지만 도덕과 양심, 그리고 노력이 무엇보다 중요하기 때문이다. 지금 자신의 지식과 능력, 그리고 성과가 부족하더라도 노력하는 한 언젠가 성과가 따라오기 마련이다.

여러분에게 다가오는 두려움을 두려워하지 말았으면 한다. 두려움은 공포이지만, 가까이서 보면 진귀한 경험으로 가득 차 있다.

두려움을 용기로 이겨내는 순간이 진정한 발전의 시작이다.

사랑하는 이들에게

나를 믿음으로 지켜봐 준 사랑하는 '족구를 사랑하는 모임' 친구들에게 고마움을 표현하고 싶다. 우둔하고 급하며 소심한 나를 진정으로 믿어준 너희의 인내심과 사랑이 한 명의 사람으로서 사회를 살아가기 위해 꼭 필요했던 인본적인 토대였음을 고백한다. 그 끊임없는 믿음과 사랑이 내가 지금까지, 그리고 앞으로도 나아갈 수 있는 추진력임을 나는 믿어 의심하지 않는다. 감히 이야기하지만, 너희와 어깨를 마주대고 삼겹살을 구워 먹는 그 시간이 나에게 너무나 소중한 시간이었음을 고백하며 나 역시 너희를 영원히 믿고 사랑할 것임을 이야기하고자 한다. 고맙다.

두 번째로, 나를 낳아주신 부모님께 고맙다고 이야기하고 싶다. 학창시절, 불안한 심리를 가지고 있던 나를 지도하는데 주저하지 않으시고 사랑과 관심으로 감싸주신 것에 감사를 드린다. 부모님께 결과보다 과정이 중요함을 배웠으며, 성과보다 주변 사람들과 사랑을 나누는 것이 중요하다는 것을 배웠다. 이 가르침은 영원한 삶의 이정표가 될 것이다.

부모님께선 내가 실패했을 때도 기다려주셨으며, 가정 바깥에서 얻은 상처를 회복할 수 있는 충분한 사랑과 지원을 해주셨다. 이것은 부모님이 아니라면 그 누구도 나에게 해줄 수 없는 일이었다.

단 한 번도 그 역할에 부족함이 있었다고 느끼지 못할 만큼 부모님은 항상 존경스러웠으며, 이제 그 사랑을 가정에 쏟으러 한다.

부모님, 언제나 사랑합니다. 감사합니다.

마지막으로 나를 믿고 나에게 인생을 맡기는 어려운 결정을 해준 사랑하는 반려자 유현정에게 감사의 인사를 전한다. 고마워 여보. 군인이라는 힘든 남편의 직업을 이해해주고, 내 거친 생각과 불안한 눈빛을 받아들여 준 고마운 당신이 내 아내가 되어주어서 항상 내 마음속에는 충만한 행복과 즐거움이 함께해.

내가 집에 못 들어갈 때도 불평 없이 기다려주는 당신이 있기에 마음 놓고 당직도, 훈련도 할 수 있는 거라고 생각해. 내가 군 생활에 전념할 수 있는 것은 온전히 당신이 있기에 가능한 일이야. 아마 당신 없는 내 인생은 무미건조하고 재미없었을 거야. 내 군 생활이 보람차게 느껴지는 것도, 당신이 내 옆에 있기 때문이야. 내 인생의 의미가 되어주어서 고마워. 항상 감사하고 또 고마워. 사랑해.

첫 번째 이야기

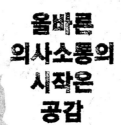

올바른
의사소통의
시작은
공감

책을 쓰고자 마음을 먹었을 때부터 가장 고민한 부분은 책의 구성이다. 앞으로 독자들이 보실 이 책에 필자가 구상하고 연구한 내용이 펼쳐질 것이지만, 그중에서도 의사소통의 올바른 방법을 첫 장에서 소개하는 이유는 의사소통이 만사의 핵심이라고 생각했기 때문이다. 군의 간부들이 병력을 지휘함에 있어서 올바른 의사소통 방법을 사용하는 것은 밝은 병영 문화, 그리고 건전한 군을 만드는데 가장 큰 역할을 할 것이다. 그래서 올바른 의사소통 방법을 첫 장에 소개하게 되었다.

필자는 '인간은 본능적으로 서로 연민을 주고받으며 기쁨을 느낀다.'고 생각한다. 하지만 실제로 우리 생활에서 쓰이는 언어만 보더라도 서로 간의 유대감을 향상시키는 언어나 서로를 배려하는 언어가 쓰이기보다 업무의 생산성을 핑계로 서로를 상처 입히며, 또한 타인의 발전을 바란다는 핑계로 상대방을 비난하는 언어가 주로 쓰인다는 것을 알 수 있다. 물론 상대방을 상처 입히고 비난하는 언어가 상대방을 자극하여 이전보다 더 나은 행동을 이끌어 낼 수 있다고 생각할 수도 있다. 하지만 이러한 대화 방법이 이끌어낼 수 있는 자극은 단편적이며 지속적이지 않다는 한계가 있다. 때문에 일시적으로 생산성을 향상시킬 수는 있겠지만, 이러한 언어로 자극을 받은 사람들의 마음에는 점차 내재적인 동기가 없어지게 된다. 그래서 이러한 언어를 사용할 때는 신중해야 하고, 단점보다는 장점이 많을 때 사용해야 한다.

하지만 이러한 언어문화가 일정기간 지속되게 된다면 해당 조직은 더 이상 고성과 폭언이 아니면 움직일 수 없는 조직이 되어버린다. 때문에 우리가 만들어야 하는 의사소통 문화는 이전과 달라져야만 한다. 군은 유사시에 많은 인명의 생사를 결정하는 집단이기 때문에, 생산성을 이끌어내는 것이 무엇보다 중요하다고 생각하는 지휘관(혹은 지휘자)의 의견도 물론 존중한다. 하지만 군이 병사들에게 있어 마지막 공교육 기관의 역할을 한다는 사실도 간과하면 안 된다. 그리고 이후 사회로 진출하여 사회의 중추적인 역할을 수행할 군 간부들의 역할을 고려할 때, 군의 의사소통 방식을 바꾸는 것은 꼭 필요하다.

필자가 생각하는 의사소통 방식은 상대방을 비난하거나 비판하지 않으면서 자신의 의도를 명확하게 표현하는 방법이다. 이러한 방식에 익숙해지면 상대방이 어떠한 방식으로 표현하더라도 그 이면에 있는 의도와 감정을 이해할 수 있다.

이러한 대화 방식을 사용하는 궁극적인 목적은 상대방과 공감하면서 인간관계의 질적인 향상을 이루기 위함이다. 이 대화 방식은 각자의 요구를 이해하고, 존중하고, 또한 공감하면서 모두의 요구를 충족할 수 있는 방법을 찾는데 초점을 맞춘다. 이러한 대화 방식이 단순하다고 생각하는 독자들이 있을 수 있지만, 이를 실제로 활용하기는 어렵다.

필자는 이러한 의사소통 방식이 우리 군의 내무생활 분위기를 근본적으로 변화시킬 수 있다고 생각한다.

공감이 필요함을 공감하자

공감을 가로막는 의사소통의 현실

군에서의 의사소통 방식 중 가장 잘못된 것은, 많은 육군의 구성원이 올바른 방식으로 상대방과 공감하지 못한다는 데 있다. 그렇다면 공감이란 무엇일까? 사전적 의미의 공감은 '타인의 감정, 의견, 주장에 대해 자기도 그렇다고 느끼는 감정'이다. 이를 군에 알맞게 조금 더 이해하기 쉽게 풀어쓰자면 '타인이 경험하고 있는 것을 존중하는 마음으로 이해하는 것'이라고 할 수 있다. 그러므로 올바른 방식으로 공감을 하기 위해서는 타인에 대한 선입견과 개인적인 판단에서 벗어나야만 한다. 타인에 대한 선입견과 그에 뒤따르는 개인적인 판단은 올바른 공감에 방해가 되는 요소이다. 하지만 현재 군의 의사소통이 지닌 특징은, 많은 구성원이 상대방과 공감하는 대신 상대방의 감정을 통제하고 조언을 통해 상대방의 행위를 통제하려고 한다는 것이다. 그리고 상급자의 경우 자신의 견해나 느낌을 타인에게 강제하려는 경향마저 보인다.

하지만 올바른 공감은 상대방이 하는 말에 모든 관심을 집중하는 것이다. 그리고 상대방이 자신을 충분히 표현했고, 자신의 의견을 이해받았다고 느낄 수 있어야 한다. 상대가 위로나 조언을 받고 싶어 할 것이라는 개인적인 추측을 통해 해결책을 말해주는 것은, 그저 공감이 필요했을 뿐인 그 사람에게 좌절감을 안겨주는 행위일 수 있다. 때로는 조언하기, 한술 더 뜨기, 가르치려 들기, 말 끊기, 심문하기, 설명하기, 바로잡기 등의 의사소통 방법이 타인의 감정과 상황을 공감하는데 장애물이 될 수 있다.

현재 대한민국 군에서 상급자 혹은 상담사의 경우 병력의 문제를 해결해주고 그들을 행복하게 해주어야 한다는 생각을 가지고 있는 경우가 많지만 그것이 이뤄지지 않는 것은, 서로 간에 충분한 공감대가 형성될 수 있는 시간이 절대적으로 부족하기 때문이다. 상급자는 하급자에 대한 관심과 애정이 크지만, 때로는 과도한 몰입과 격정적인 업무의 흐름으로 인해 상대방과 충분한 공감대를 쌓지 못하고 어쩔 수 없는 선택을 하는 경우가 많을 것이다. 하지만 대부분은 과거부터 이어진 대한민국의 잘못된 소통 문화 때문이다. 그러므로 이러한 의사소통 방법이 잘못되었다는 점을 어떻게든 인지하는 것이 매우 중요하다. 개선할 필요가 있기는 하지만, 하급자에 대한 애정이 있다는 것 자체만으로도 이미 누군가에게 존경받아 마땅한 상급자가 될 준비가 된 것이기 때문이다.

올바른 공감을 위한 네 가지 영역

 그렇다면 어떠한 방법으로 의사소통을 할 때 진정으로 상대방의 감정과 상황에 공감할 수 있을까? 필자는 상대방과 의사소통을 하면서 4가지 사항에 귀를 기울이고, 표현하라고 이야기하고 싶다. 일정한 현상을 관찰한 것, 그 현상에 대해 느낀 것(느낌), 그리고 그에 따라 필요로 하는 것(욕구), 그리고 상대방에게 부탁해야 하는 것, 이렇게 총 4가지에 귀를 기울이고 표현해야 한다. 그리고 이에 공감하기 위해 노력할 수 있어야 한다고 생각한다. 지금부터는 관찰, 느낌, 욕구, 부탁에 대해서 하나씩 구체적으로 따져보며, 어떠한 방식으로 표현하고 받아들여 의사소통에 적용해야 할지 생각해보고자 한다.

 첫 번째 영역은 관찰의 영역이다. 관찰이라는 영역은 의사소통을 함에 있어서 가장 기초적인 영역이다. 현상에 대한 관찰 없이는 의사소통이 이루어지지 않기 때문이다. 때문에 관찰을 명확히 하는 것은 의사소통의 가장 첫 번째 관문이다. 하지만 여기서 중요한 것은, 관찰을 하되 개인적인 평가를 분리해야 한다는 것이다. 우리가 관찰한 결과 속에 주관적인 평가를 섞으면 상대방이 자신의 말을 비판으로 받아들이기 쉽고 적대감을 가지게 되기 때문이다. 의도가 순수하고 타인에게 도움을 주고자 하였더라도 상대방이 적대감을 가지게 되는 순간, 의사소통을 시도하기 위한 그간의 노력은 수포로 돌아간다. 최악의 경우 의사소통을 하지 않는 것보다 못한 상태로 변화하게 된다. 물론 여기서 이야기하는 관찰과 평가를 분리해야 한다는 것은, 의사소통하는 도중에 평가를 하고 그 내용을 표현해서는 안 된다는 것이다.

예를 들어 보자면 "박○○ 중위는 게으르다.", "박○○ 중위는 지난 3번의 회의시간에 늦었다." 위의 두 가지 문장으로 생각해보자. 첫 번째 문장은 평가가 들어있는 서술어인 '게으르다.'를 사용해서 개인적인 평가를 한 반면, 두 번째 문장은 관찰의 내용만을 문장으로 표현하였다. 다른 예를 들어보자면 "3중대장은 부대관리를 개떡같이 하는 인물이다.", "지난 2번의 당직근무 동안 저녁 점호시 3중대원들의 관물대가 깨끗하게 정리되어 있지 않았다." 위의 두 가지 문장 중 첫 문장은 평가만 있을 뿐 그렇게 평가한 이유를 이야기하지 않았으나, 두 번째 문장은 관찰한 결과만을 표현하였다. 독자들의 이해를 돕기 위해 두 가지 문장을 예로 들어서 설명하였지만, 의사소통 과정을 평가하는 동시에 평가의 이유 또한 밝히지 않는다면 상대방의 반발을 불러올 것이다.

두 번째 영역은 느낌의 영역이다. 현재 점점 나아지고는 있는 중이지만, 한국 사회에서는 의사소통을 하는 와중에 느낌의 영역을 표현하고 이에 반응하는 게 어려운 것이 현실이다. 특히 남성들의 경우, 가부장적인 가치관에 길들어 있어 힘듦과 어려움을 느끼고 있어도 자신의 상태를 타인에게 표현하는 것에 어색함을 느낀다. 만일 표현했다고 하더라도 타인의 비판을 감내해야 할 것이라는 생각을 하게 된다. 실제로도 그것이 대한민국 사회적 인식의 현주소이기 때문에, 구성원인 우리가 그렇게 생각하는 것은 어쩔 수 없는 현상이다. 다수의 사람에 의해 규정된 '만들어진 사고방식'에 다수의 인원이 잠식당하고 있는 것이다.

그렇기 때문에 대한민국 대다수의 구성원은 무의식적으로 '어떻게 하면 남들이 옳다고 생각하는 말과 행동을 할 수 있나?'라는 고민을 하면서 살아가게 된다. 자신의 내적인 동기가 아닌, 타인의 시선에 따라서 행동하게 된다는 이야기이다. 나의 의지가 아니라 보편타당한 것으로 인식되는 누군가의 의지에 따라 살게 되기 때문에 한 번뿐인 인생을 자신의 인생으로 살지 못하고 타인의 인생으로 살게 된다. 그 결과 사회의 부속품 그 이상도 이하도 되지 못하는 것이다. 타인에게도 이러한 삶을 강요하게 되는 사회구조다 보니 상대방에게 공감하기보다는 지도와 편달을 하게 될 수밖에 없다. 그리고 지도와 편달을 하게 되면 의사소통 중에 평가가 은연중에라도 들어가기 때문에, 결국 올바른 의사소통은 물거품이 되게 되는 것이다.

그러므로 우리는 대화 속에서 서로의 느낌을 자유자재로 표현할 수 있어야 하고, 그 느낌을 통해 상대방과 더욱 공감할 수 있도록 노력해야 한다. 간단한 예를 들자면 이런 것이다.

"저는 제가 분대장으로서 부족하다고 느낍니다."

"저는 제가 분대장으로서의 자신이 실망스럽습니다."

"저는 분대장으로서 좌절감을 느낍니다."

첫 번째 문장은 느낀다는 단어를 사용하였지만 실제로 느낌의 영역을 사용한 것이 아니고, 분대장으로서의 자신에 대한 평가를 작성한 것이기에 느낌의 영역에 있는 올바른 대화는 아니다.

또 다른 예를 들어보겠다.

"저는 작전과에서 선임들에게 중요하지 않은 사람인 것처럼 느껴집니다."

"작전과 선임들이 저만 빼먹고 훈련 준비를 하고 저와는 업무를 같이 하지 않아서 소외감을 느낍니다."

첫 번째 문장 역시 느낀다는 단어를 사용하였지만 중요하지 않을 것이라는 자신의 생각을 표현하는 문장이다. 이처럼 개인적인 견해와 생각을 느낌으로 잘못 표현하는 경우가 많이 있다. 자신의 느낌을 온전히 표현하기 위해서는 생각이나 해석이 아닌, 구체적인 느낌을 표현할 수 있어야 한다. "그 보고서 좋을 것 같은 느낌이야!"처럼 '좋을 것 같다'라는 중의적인 표현은 듣는 사람에게 실제 자신이 어떠한 느낌을 받았는지를 알려주기 어렵다.

그렇기 때문에 우리는 느낌의 영역을 사용하여 의사소통을 해야 한다. 적극적으로 느낌을 표현함으로써 우리의 솔직한 내면을 인정하고, 이것이 나아가 갈등을 해결하는데 도움을 줄 수 있을 것이며, 서로를 공감하는데 한 발 더 나아갈 수 있도록 해줄 것이다.

세 번째 영역은 욕구에 대한 영역이다. 의사소통에 있어서 욕구를 어떠한 방식으로 표현하고 그를 받아들이는가에 대한 문제는 의사소통에 있어서 중요한 문제이다. 비록 상대방의 욕구가 자신이 받아들이기에 어려운 욕구일지라도 그를 받아들이는 방식(태도)은 굉장히 중요하다. 특히 군 간부의 경우 병력의 다양한 욕구를 받아들이고 이에 대한 올바른 조치를 취할 수 있어야 하기 때문에 병력의 욕구에 대한 높은 차원의 공감 능력이 필수적으로 요구된다.

예를 들어 설명하자면 "상병 말까지 정말 노력하면서 훈련이란 훈련은 한 번도 열외 하지 않았는데 저만 포상을 주지 않은 소대장님은 이기적인 사람입니다."라고 소대원이 이야기를 하였을 경우 소대장은 아래와 같이 크게 4가지로 반응할 수 있을 것이다.

"박○○ 상병, 미안하다. 내가 진작 너에게 관심을 가져주었어야 했는데."

"너는 그런 말을 할 자격이 없다. 내가 얼마나 너에게 관심을 가져주었는지 아니?"

"내가 이기적이라는 너의 이야기를 듣고 마음이 아프구나. 소대장으로서 너희에게 최선을 다하고 있다는 사실을 너희가 알고 있을 거라고 생각했는데 말이야."

"내가 포상을 주지 않아서 박○○ 상병이 관심을 받지 못한 것 같아서 실망했겠구나."

첫 번째 방식은 자신을 탓하는 방식이다. 이러한 방식은 상대방에게 죄책감, 수치심, 우울함을 주기 때문에 상대방의 자존감에 큰 상처를 주게 된다. 두 번째 방식은 자신의 자존감을 방어할 수는 있겠지만 상대방을 분노하게 만들 것이다. 세 번째 방식은 자신의 느낌과 욕구를 상대방에게 전달할 수는 있지만, 상대방의 욕구와 느낌은 만족시키지 못하였다. 네 번째 방식은 다른 사람의 느낌과 욕구를 인식하고 이에 반응하는 것이다.

욕구라는 측면에서 위의 네 가지의 문장을 생각해보자면 첫 번째 문장과 두 번째 문장은 욕구가 포함된 의사소통을 하지 못했다는 것을 알 수 있고, 세 번째와 네 번째 문장은 욕구가 포함되어 있지만, 세 번째 문장은 상대방의 욕구는 생각하지 못하고 자신의 욕구만을 이야기한 것인 반면 네 번째 문장은 상대방의 욕구를 인지하였음을 알 수 있다.

상대방의 욕구를 인지하는 것은 상대방을 올바로 공감하는데 있어 중요한 요소이다. 그러므로 상대방의 욕구를 인지하고 이를 받아들일 수 있어야만 한다. 그런데 여기서 중요한 것은 자신의 욕구를 알지 못하면 역시 타인의 욕구 역시 알기 어렵다는 것이다. 그러므로 우리는 타인과 의사소통을 하면서 자신의 욕구를 알고 이를 통제할 수 있어야 한다. 앞서 두 번째 문장에서 보듯이 자신의 욕구와 희망, 기대, 가치관, 그리고 생각을 인정하지 못하면 자신의 감정을 제어하지 못하고 타인에게 책임을 전가하게 될 수도 있다. 자신의 감정에 대한 책임을 상대방에게 돌려 그 사람이 죄책감을 느끼게 하는 것은 올바른 의사소통 방법이 아니다.

예를 들어 "이번 화생방정찰조 평가 성적이 나쁘다면 대대장과 소대장은 마음이 아플 것이다."라는 문장 속에는 화생방정찰조 인원의 성적이 대대장과 소대장의 감정을 좌지우지할 수 있다는 의미가 담겨 있다. 이때, 대대장과 소대장의 감정을 위해 화생방정찰조 인원이 좋은 성적을 받는 것은 충성심의 표현이거나 그들을 위한 긍정적인 배려라고 착각할 수 있을 것이다. 병력이 상급자를 걱정하고, 그들이 속상해하는 것에 미안함과 동시에 책임감을 느끼는 것이라고 생각될 수가 있다는 이야기이다.

하지만 소대장이 이야기하는 순간, 화생방정찰조 인원이 평가를 잘 받기 위해 노력하는 것은 더 이상 내재적 동기를 통해서 행하는 자발적인 행동이 아니게 된다. 대대장과 소대장의 감정을 위해 희생하는 행동이 되는 것이다. 그러므로 자신의 감정에 대한 책임을 타인에게 전가하는 것은 올바른 욕구의 표현 방법이 아니며, 결과적으로 올바른 의사소통의 방법이 아니다. 어쩌면 이러한 의사소통 방법을 사용하는 것은 상급자의 욕구에 비해 하급자의 욕구를 비판적으로 바라보는 대한민국 사회의 분위기 때문일 수 있다. 대한민국 사회의 이런 분위기 때문에 군의 구성원이 욕구를 표현할 때 하급자인 자신의 욕구는 중요하지 않다고 생각하거나, 자신은 그 욕구에 대한 권리가 없나 생각하고 강화하는 사고방식을 가지고 있다.

전날 당직 근무를 수행해 피곤함에도 휴식을 하고 싶다는 의사를 표현하지 못하는 것 역시 이러한 분위기가 있기 때문이다. 표현하는 일부 인원 역시 상급자에게 올바른 방식으로 표현하지 못하기 때문에 상급자에게 공감보다는 저항감을 불러일으키기 쉽다. 애원하거나 욕구를 여러 방법으로 돌려서 표현하는 것 역시 올바른 표현 방법은 아니다.

애원하거나 빙빙 돌려서 표현하지 않고 정서적으로 자신의 욕구를 온전히 표현하기 위해서는 노력도 필요하고 일정한 단계를 거쳐 성장해야 한다. 필자는 크게 세 단계로 욕구를 표현하는 단계를 구분할 수 있다고 생각한다.

첫 번째 단계는 자신이 타인의 감정에 책임을 느끼는 단계이다. 대한민국 사회에 속한 대부분의 사람은 이 단계에서 더 이상 성장하지 못하기 때문에 자신의 욕구를 표현하지 못하고, 타인의 욕구에도 무관심하며, 때로는 그 욕구를 비판하게 되는 것이다. 이 단계에 속한 구성원들은 대부분 남을 기쁘게 해주기 위해 항상 애써야 한다고 생각한다. 만약 타인이 행복해 보이지 않으면 그것에 대한 책임을 느끼면서 무엇인가를 해야 한다는 압박을 느낀다. 결국 이러한 과정을 옆에서 지켜보는 사람들에게 부담을 주게 되는 것이다.

이들은 주로 주변 사람들이 원하는 것을 이루어 주기 위하여 자신에게 중요한 것을 포기하는 것이 정상적이라고 생각한다. 하지만 타인의 감정(혹은 느낌)에 지나치게 집중하여 자신의 욕구를 포기하는 행위는 앞서도 설명했듯이 타인의 욕구를 인지하는데 부정적이므로 올바른 의사소통의 태도가 아니다.

이 단계에서 벗어나 성장하기 위해서는 타인의 감정에 대한 책임에서 자유로워져야 한다. 두 번째 단계가 바로 이것이다. 타인의 느낌에 책임을 지고 자신을 희생하면서 사는 것이 자신에게 있어서 큰 희생이라는 것을 인식하게 되었을 때 두 번째 단계에 도달할수 있다. 이 단계에 도달한 사람들을 간단히 설명하자면 사춘기 청소년이다. 다른 사람의 감정에 대한 책임이라는 마음의 짐을 벗었지만, 타인의 욕구를 인지할 수 있는 단계에는 도달하지 못했기 때문에 타인에게 책임감 있게 행동하지 않는 것처럼 보인다. 두 번째 단계에서 머무르는 사람들은 첫 번째 단계로 돌아갈 수도 있고, 더욱 성숙한 단계인 세 번째 단계로 올라설 수도 있다.

마지막 세 번째 단계는 자신의 욕구도 이해하면서 타인의 욕구에도 공감하는 단계이다. 이 단계에 도달한 사람은 타인의 감정에 책임을 지지는 않지만, 자신의 감정과 태도에 온전히 책임을 진다. 또한 이 단계에 도달한 이들은 자신의 감정을 위하여 타인을 희생시키지 않는다. 자신의 욕구와 타인의 욕구의 가치를 동등하게 여기며 존중하고, 그럼에도 자신의 욕구를 올바르게 표현할 수 있는 인격을 가지게 된 것이다.

수많은 부대에서(그리고 사회에서) 두 번째 단계에서 갈등하고 있는 병력을 관심 병사라는 이름으로 관리하며 사회의 부속품으로 만들기 위해 노력한다. 타인의 감정에 책임을 느끼고 그에 희생하는 것이 올바른 모습이라고 가르치는 것이다. 하지만 이는 올바른 방법이 아니다. 오히려 타인의 욕구에 공감하는 법을 가르쳐야 한다. 그러기 위해서는 자신의 감정과 태도에 책임을 지는 법을 가르치는 것이 우선이다.

마지막 네 번째 영역이다. 바로 부탁이다. 앞서 관찰, 느낌, 욕구에 대한 내용을 기술하였다. 독자들이 필자가 하고자 하는 이야기를 이해했다면 지금까지 읽은 것만으로도 상대방을 비판하거나 분석하지 않고, 관찰하고, 느끼고, 원하는 것을 올바른 방식으로 표현할 수 있을 것이다.

하지만 자신의 욕구를 인지하고 원하는 바를 타인에게 올바른 방식으로 부탁하는 것 역시 매우 중요하다. 부탁의 영역은 간단하다. 앞서 설명한 것과 같이 원하는 것을 다른 사람에게 올바른 방식으로 전달하는 것 바로 그것이다. 필자가 생각하기에 상대방에게 부탁을 해야 할 때 첫 번째로 유념해야 할 것은 긍정적인 언어를 사용하여 부탁하는 것이다. 부정적인 언어를 사용하여 부탁하면 상대방으로 하여금 반발심을 일으키기 때문이다. 두 번째로 기억해야 할 것은, 구체적으로 부탁해야 한다는 것이다. 때로는 부탁한다는 것 자체를 미안하다고 생각해 부탁할 내용을 넌지시 표현한다거나 원하는 바를 돌려서 이야기하곤 하는데, 이는 자신이 요구하는 게 무엇인지 상대방이 정확하게 파악할 수 없게 만든다. 그러므로 부탁할 때는 원하는 바를 구체적으로 표현해야 한다.

또한 감정이나 욕구를 표현하지 않고 부탁만 하는 경우도 상대방에게는 명령처럼 들릴 수 있어 거부감을 줄 수 있다. 상대방을 생각한다는 핑계로 의문문의 형식을 취할 때 이는 더욱 두드러진다. "중대장이 이야기하기 전에 두발 정리를 하면 안 되겠니?"라는 문장은, 중대장이 자신의 감정과 욕구를 이야기하지 않을 경우 병사들이 듣기에는 공격적인 말로 들리기가 쉬울 것이다.

부탁을 한 이후, 상대방이 부탁에 어떠한 방식으로 반응하는지 확인하는 것도 서로가 공감하는데 중요하다. 특히 여러 사람과 동시에 의사소통을 해야 하는 경우, 솔직한 반응을 알고 싶다고 밝히는 것이 중요하다. 그렇지 않으면 나의 부탁은 전해지지 않고 상대방은 불만을 가지게 되는 상황이 될 수가 있기 때문이다. 이러한 상황이 이어지게 되면 제대로 된 의사소통을 하지 못하며 그 결과 서로가 대립하게 된다. 이러한 대립 과정에서 만일 상급자가 자신의 감정을 주체하지 못하여 화를 내게 된다면, 그때부터 하급자는 상급자의 부탁을 들어주지 않으면 비난이나 벌을 받으리라고 믿게 된다. 그때부터 하급자는 부탁을 강요로 받아들이게 된다. 그리고 부당한 강요를 받고 있다고 생각되게 되면 자아를 버리고 복종하거나, 심각한 경우 반항을 선택할 수 있다. 어느 경우가 되었든 부탁을 하는 상급자는 강압적인 모습으로 비추어지고, 부탁을 받는 하급자는 진심으로 부탁에 응하기 힘들어진다.

이러한 상황이 문제인 것은, 몇 번 이러한 방식으로 상급자에게 부탁을 강요당한(?) 하급자의 경우 다른 상급자로부터 부탁을 받아도 그것을 강요로 인지할 수 있다는 것이다. 이는 주위에 있는 이들이 상급자의 부탁을 들어주지 않았을 때 얼마나 책망을 듣고, 벌을 받고, 죄책감을 품게 되었는지를 보아왔기 때문이다. 그때의 경험과 기억이 기초가 되어 다른 상급자의 부탁마저도 강요로 듣게 된다.

지금까지 상대방과 공감을 하기 위해 필요한 대화의 네 가지 영역에 대해서 같이 생각해보았다. 위의 내용을 읽으면서 거부감을 느끼거나 기존에 자신이 생각해오던 의사소통의 방식과 다르다고 느낀 독자들이 많을 것이라고 생각한다. 기존 우리 사회와 군에서 해오던 의사소통의 방식은 상대방의 행동을 변화시키거나 지시에 따르도록 하는 것이 목적인 의사소통이었다.

하지만 필자가 주장하는 의사소통의 방식은 이와 다르다. 물론 위기의 순간에는 다른 방식의 의사소통이 필요할 가능성이 있지만, 필자가 제시하는 의사소통의 목적은 솔직함과 공감을 바탕으로 인간관계를 맺고 구성원 모두의 욕구가 충족되는 것이다. 이러한 의사소통 방식이 올바르다는 것을 사람들이 믿게 된다면, 사람들은 우리의 부탁이 진정한 부탁이라는 것을, 부탁으로 위장한 강요가 아님을 믿을 수 있게 될 것이다.

자신을 비우고 타인의 입장에서 공감하며 듣기

송나라의 사상가인 장자(莊子)는 진정한 공감이란 자신의 존재 전체로 듣는 것이라고 주장하며 아래와 같이 이야기했다.

"듣는 것에는 귀로만 듣는 것이 있고, 마음으로 이해하며 듣는 것이 있다. 그러나 영혼으로 들을 때는 몸이나 마음 같은 어느 한 기능에 국한되지 않는다. 그래서 존재로 들을 때는 이런 모든 기능을 비우는 것이 필수다. 이런 기능들이 비워졌을 때 비로소 존재 전체로 들을 수 있게 된다. 그러면 바로 앞에 있는 것을 그대로 직접 파악할 수 있게 된다. 그것은 절대로 귀로 듣거나 마음만으로 이해할 수 없는 것들이다."

이처럼 진정한 공감이란 우리가 가진 선입견과 판단에서 벗어난 후에야 가능해진다. 하지만 대부분의 경우 선입견과 판단을 가진 채 의사소통을 하므로 타인과 공감하는 대신 상대방에게 조언을 하며 자신의 주장을 관철하고자 하는 경향이 강하다.

하지만 진정으로 공감하기 위해서는 자신의 판단이나 선입견을 대입하지 않고, 상대방이 하는 모든 표현에 모든 관심을 집중해야 만 한다. 또한 상대방이 자신을 충분히 표현하고 이해받았다고 느낄 수 있는 시간과 공간 또한 주어져야 한다. 힘든 일을 겪은 사람에게 위로나 조언이 필요할 것이라 짐작해 자신이 생각한 해결책을 말해 주는 것은 그 사람에게 큰 좌절감을 안겨줄 수 있음을 이해해야만 한다. 그렇기 때문에 상대방에게 공감하며 듣는 가장 좋은 방법은 최대한 상대방에게 집중하고, 상대방이 스스로 욕구를 표현하고 욕구를 해소하기 위해 부탁하는 걸 기다려 주는 것이다. 이때 중요한 것은 상대방이 해결방안을 요청하거나 부탁을 할 수 있도록 유도하기 전에, 상대가 충분히 자신을 표현할 기회를 주는 것이다. 너무 빨리 상대방의 부탁을 듣는 방식으로 옮겨가면 상대방의 느낌과 욕구에 우리가 관심을 기울이고 있다는 점이 전달되지 않을 수도 있다. 상대방이 그렇게 느끼게 되면, 상대방은 우리가 그들에게서 벗어나고 싶어서 서두르고 있다는 느낌이나 자신의 문제를 억지로 해결해주려고 한다는 인상을 받을 수 있다. 만일 우리가 관심의 초점을 너무 성급하게 옮기게 된다면, 그들은 자신의 내면을 표현할 기회를 잃게 될 것이다.

상대방이 무엇을 관찰하고, 느끼고, 필요로 하고, 부탁하는지를 알게 되었다면 상대방이 한 이야기를 제대로 이해했는지 확인할 필요가 있다. 가장 좋은 방법은 자신이 이해한 내용을 상대방에게 이야기해주는 것이다. 이 방법의 장점은 상대방이 우리가 잘못 이해한 부분을 바로잡을 기회를 가지게 된다는 점과 상대방이 자신이 한 이야기를 다시 한번 생각하고 자신이 원하는 바에 대해 더욱 깊게 생각할 수 있는 기회가 될 수 있다는 점이다. 들은 말을 상대에게 되풀이해 이야기할 때는, 우리가 그 말을 어떻게 이해하였는지 알려주는 동시에 우리가 잘못 이해한 부분을 상대방이 손쉽게 바로잡을 수 있도록 질문이라는 형태로 이야기를 꺼내는 것이 좋다. 이때, 억양이 매우 중요하다. 상대가 한 말을 확인하고자 할 때 주의하지 않으면, 상대는 비평하는 것이라 인식하거나 비꼬는 것처럼 인식할 수 있다. 그리고 상대방의 사정들을 모두 알고 있는 것처럼 이야기하는 것 역시 상대방으로 하여금 부정적인 감정을 이끌어낼 수 있다. 그렇기에 상대방과 나는 평등한 관계이며 자신이 상대방과 공감하기를 원한다는 사실을 억양을 통하여 상대에게 전할 수 있어야 한다.

만약 공감하려는 노력을 기울이는데도 공감할 수 없거나 공감하고 싶은 마음이 들지 않는다면, 우리 자신이 너무 공감에 굶주려 있어서 다른 사람의 상황에 공감하기 어려운 상황일 수가 있다. 그런 경우, 자기 자신에게 집중할 수 있도록 몸을 피하는 것이 좋은 방법이다. 우리가 그 상황을 마주하고 공감할 수 있는 마음가짐을 가질 수 있도록 시간을 벌어 줄 수 있기 때문이다.

공감의 효과를 활용하자

공감은 조직과 개인의 성장을 가져온다

앞서 필자는 의사소통을 하는 것(우리 자신을 표현하는 일)은 마음 속 깊은 곳에 있는 감정과 욕구를 드러내는 것이라고 소개했다. 그리고 대한민국의 문화 때문에 이러한 진심을 꺼내기 어렵다는 것 또한 이야기했다.

하지만 상대방과 공감대를 형성하게 된다면 자기표현을 하기 쉬워진다. 대부분의 인간은 상대방의 인간적인 면을 접하고 그 안에서 나와의 공통점을 찾으면 동질감을 느끼게 되기 때문이다. 이러한 인간관계를 지속적으로 만들게 되면 전혀 경험하지 못했던 다른 사람과의 의사소통에서도 자신의 마음을 밝히는 것에 대한 두려움이 없어지게 된다. 이처럼 올바른 의사소통이 이어지게 된다면 긍정적인 의사소통 환류가 이루어지게 되어 조직 내 생산성을 증대시키게 될 것이며, 무엇보다 서로에 대한 이해도가 높아지게 될 것이다.

이 글을 읽는 독자 중 일부는 조직 내 의사소통 환류를 위해 자신의 내면을 보여주는 것이 상급자인 자신의 권위나 통솔력을 잃는 행위(허점을 보여줄 수 있는 행위)라고 생각할 수도 있다. 속된 말로 표현해서 병사들 앞에서 '가오', 혹은 '간지'가 안 날 수도 있지 않을까 하는 걱정일 것이다. 나는 그런 지휘관들에게 자신이 가지고 있는 권한과 책임을 과감히 위임하고 병사들 앞에서 더욱 솔선수범하라고 이야기하고 싶다. 조직을 지속적으로 발전시키고자 하고 조직원의 발전을 이루고자 한다면, 권위를 위해 병사들의 자의식과 자존감을 파괴하지 말아야 한다. 오히려 병사들의 내면적인 성장을 위해 자신의 권위를 내려놓는 지휘관이 되어야 한다.

자책과 내면의 강요를 자기용서의 과정으로 바꾸기

우리가 보통 잘못이나 실수를 저질렀을 때, 우리는 속으로 부정적인 언어를 생각한다. 이렇게 생각하는 이유는, 잘못이나 실수를 했을 때 '나의 행동이 잘못되었다. 그러니 내가 나쁘다.'라는 판단을 하도록 교육받아 왔기 때문이다. 여기에는 잘못했다면 마땅히 고통받아야 한다는 의미가 함축되어 있다. 실수를 통해 자신의 한계를 인지하고 더더욱 발전하기 위해 노력하는 대신 자기비하를 하는 것은 비극적인 일임에 틀림없다.

실수를 한 이후 어떠한 방식으로든 성장을 도모하는 것은 긍정적인 일이다. 하지만 이러한 변화의 원인이 수치심과 죄책감 같은 부정적인 감정이 되어서는 안 된다. 오히려 자신과 다른 사람들의 발전을 위한다는 '욕구'에서 나올 수 있도록 노력하여야 한다. 자신에 대한 비판으로 인해 수치심이 생겨 행동을 바꿀 경우, 자기혐오를 배우며 자라게 된다. 우리의 발전이 긍정적인 욕구로 인한 것이 아니고 수치심과 죄책감을 면하기 위한 것이 된다면, 사람들은 서로 고마움이나 즐거움을 느끼지 못할 것이다. 자신 안의 아름다움을 잃고, 자신을 결점투성이 인간으로 보게 되며, 자신을 폭력적으로 대하게 된다. 그 결과 긍정적인 욕구를 통한 자기발전은 더 이상 보기 어려워질 것이다.

날마다 자기비판, 비난, 강요로 자신을 깎아내리면 인간의 자존감이 낮아지는 것은 불을 보듯 뻔하다. 만약 비판하는 대상이 자기 자신이라면, 그 비판의 실제 의미는 자신의 진정한 욕구와 조화를 이루는 행동을 하고 있지 못하고 있다는 것이다. '자신의 욕구가 충족되고 있는가? 만일 그렇다면 얼마나 잘 충족되고 있는가?'라는 관점에서 자기 자신을 평가하는 방법을 배운다면, 그 평가로부터 무언가를 배울 가능성이 훨씬 커지리라고 확신한다. 그렇기 때문에 우리는 우리가 원하는 방향으로 올바르게 나아가고 있는지, 그리고 자신에 대한 존중과 연민을 통해 행동이 변화하고 있는지를 잘 살피며 행동해야 한다.

자신의 행위 중 일어날 수 있는 실수를 긍정적인 자기발전의 과정으로 승화시키기 위해서는 자신의 실수를 자책하기보다 자기를 용서함으로써 실수로 인해 상처받은 자신의 심리를 회복하는 과정이 필요하다. 그러기 위해서는 실수를 한 개인에 대한 외적인(상급자 등의) 관용이 필요하지만, 실수를 한 개인 역시 스스로에 대한 공감과 용서가 필요하다. 실수를 한 것은 자신이고, 그 실수를 자책하는 것 역시 자신이다. 과거의 자신을 용서하고 그 상황을 공감하는 것이 실수를 통한 자기발전 과정의 첫걸음이다.

자신의 행동을 공감하기

사람들에게 행복하지 않은 이유에 대해서 물어보면, 대부분의 사람이 자신이 원하지 않은 일을 하고 있기 때문이라고 이야기한다. 수많은 젊은이가 공무원이 되기 위해 불철주야 노력하는 대한민국의 현실 역시 이와 유사하다. 대한민국의 수많은 젊은이가 공무원이라는 직종에 열광하는 이유는, 공무원이 되는 순간 미래에 대한 두려움, 돈을 벌지 못한다는 죄책감, 직장이 없다는 수치심, 무엇이라도 해야 한다는 의무감에서 해방될 수 있기 때문이다.

하지만 더 큰 문제는 이러한 동기를 가지고 공무원이 된 다음이다. 자신이 궁극적으로 원하는 일을 하는 것이 아니므로 직장에서의 즐거움을 잃게 되고, 결국에는 고생해서 얻게 된 직장에도 저항감을 느끼게 되기 때문이다. 때문에 자신에 대한 이해를 바탕으로 자신이 하고자 하는 일을 해야 하고, 또한 자신이 느끼기에 재미있는 일을 해야 한다. 그래야 시간이 지나 자신을 돌아보게 되었을 때 자신이 해온 선택에 진심으로 공감할 수 있기 때문이다.

앞서 재미있는 일을 해야 한다고 표현하였지만, 인생을 살다 보면 재미있고 즐거운 일만 일어나지는 않는다. 싫지만 반드시 해야 하는 일이 늘 찾아오기 때문이다. 하지만 싫지만 해야 하는 일에 대한 관점을 바꿔보면 문제는 조금 달라진다. 싫지만 해야 하는 일은 결국, 그 행동이 싫지만 그만큼의 대가가 있다는 것을 뜻한다. 그렇기 때문에 본인이 선택한 일인 경우가 대부분이다. 그러므로 싫은 일을 한다는 생각보다는, 그 행동을 통해서 우리가 얻고자 하는 가치에 대해서 생각하고 그 선택을 이해하고 공감하는 것이 중요하다.

성숙하지 않은 타인에 대한 분노를 공감하기

학생들과 병사들을 상대하는 대부분의 군 간부와 선생님의 가장 큰 임무는, 혈기왕성한 이들이 타인과 다투거나 파괴적인 행동을 하지 않도록 유도하면서 그들의 감정을 온전히 해소할 수 있도록 도와주는 것이다. 20대 초반까지는 인간의 전두엽이 완전히 성숙하지 못한 상태이기 때문에 감정의 변화가 심하고, 이성적인 판단을 하지 못하는 경우가 많이 있다. 그러므로 올바른 방식으로 분노를 표현할 수 있도록 지도해주는 것이 필요하다.

성숙하지 않은 상태의 학생들과 병사들이 주로 실수하는 것 중 하나가, 자기감정의 이유를 타인에게서 찾는 것이다. 상대방이 자신을 화나게 했기 때문에 자신이 불행해졌다는 생각을 바탕으로 타인을 상처 입히거나 탓하는데, 이는 분노를 피상적인 수준에서 표현하는 것이다. 타인의 행동은 우리의 감정을 자극할 수는 있지만, 감정의 근본적인 원인이 될 수는 없다. 조금만 깊이 생각해본다면 이를 금방 깨달을 수 있겠지만, 아직 미성숙한 인격체인 이들에게 이러한 사고방식은 생경하고 어렵다. 그래서 성숙한 인격을 갖추게 된 사람들이 이들에게 도움의 손길을 내밀어야만 한다. 화가 날 때마다 다른 사람에게서 잘못을 찾는 것은 올바른 삶의 방식이 아니다. 때로는 이러한 사고의 흐름이 올바르지 않은 분노의 원인이 되기도 한다. 히키코모리, 왕따 등의 사회현상 모두 올바르지 않은 분노에서 기인한다는 점을 생각해볼 때, 이들의 미성숙한 사고에서 기인하는 분노를 올바르게 분출할 수 있도록 도움을 줄 수 있느냐 없느냐는 건강한 사회를 만들 수 있느냐 없느냐의 문제로 확대될 수 있다.

분노는 자신을 소외시키고 폭력을 불러일으키는 사고방식의 결과임에 분명하다. 하지만 다른 방식으로 생각한다면, 분노 역시 충족되지 못한 욕구가 있기 때문에 발현하는 것이다. 그러므로 충족되지 못한 욕구에 집중하는 것이 분노라는 감정에 대응하는 올바른 방식일 것이다. 예를 들자면 이런 것이다. '나는 그 사람이 새치기를 했기 때문에 화가 났다.'라는 사고의 흐름에서 '오늘 한정판 피규어를 사지 못하면 안 되기 때문에 어제 새벽부터 가게 앞에서 줄 서서 기다렸음에도, 낯선 남자가 새치기를 하니 한정판 피규어를 살 수 없을 것 같아서 두렵다.'와 같이 사고의 흐름을 바꾸는 것이다.

미성숙한 인격체의 경우 분노를 느낄 때 대상에 대한 부정적 이미지만 강화할 뿐, 자기 자신의 욕구에 대한 개인적인 공감은 등한시되기 때문에 분노의 대상에 대한 폭력과 처벌만 원하게 된다. 자기 자신의 욕구에 공감을 이루게 된다면, 자신에게 더욱 솔직해짐은 물론이고 타인의 올바르지 않은 행동에 대한 공감 또한 이룰 수 있는 인격체로 성장할 수 있을 것이다.

타인과 타인의 갈등에 공감하기

성장환경이 비슷한 형제간에도 다툼이 있듯이, 사람과 사람 사이에는 갈등이 발생할 수밖에 없으며, 실제로 갈등은 끊임없이 생기고 있다. 어디에나 갈등은 있기 때문에, 이러한 갈등을 중재하는 것 역시 상당히 중요하다. 갈등이 지속되면 서로를 이해하려는 행위를 방해하고, 종극에는 조직의 발전과 생산성 역시 떨어지기 때문이다. 그러므로 기업체의 중간 관리자 혹은 군 간부들에게 있어 갈등을 중재하고 그들에게 조직의 목표를 상기시키는 능력은 매우 중요한 것이다.

대다수의 중재자는 갈등의 원인인 문제에 집중하고, 당사자 간의 타협을 통해 갈등을 해소하고자 한다. 하지만 필자의 생각은 그들과는 다소 다르다. 필자가 생각하기에 갈등을 중재하는데 있어 선결되어야 할 것은 당사자 간의 유대감을 만들어내는 것이며, 그 후에 모두가 만족할 수 있는 방법을 모색하고 모두가 이에 동의할 수 있도록 만드는 것이다. 필자가 이러한 방식을 주장하는 이유는, 문제를 해결하기 위해 중재자와 당사자가 집중하는 것이 단편적이며 단기적인 해결책뿐이기 때문이다. 중간 관리자로서 타인들의 갈등을 중재하려면 여러 가지 갈등을 해결할 수 있도록 도와주어야 하며, 상호가 타협하는 것이 아닌 모두가 (개인 혹은 조직의 욕구에)만족하는 방식을 찾아야 한다고 필자는 생각한다. 이러한 해결 방식을 통해 중재자가 없는 상황에서도 당사자들이 갈등을 자체적으로 해결할 수 있고, 나아가 그들 스스로가 중재자가 될 수 있을 것이라 생각하기 때문이다.

중재자로서 갈등을 중재하는데 중요한 과정 중 하나는 서로 간의 욕구를 공감하게 만드는 과정이다. 중재자로서 갈등하고 있는 당사자와 만나 어떠한 욕구가 충족이 되지 않아서 충돌했는지 물어보면 서로에 대한 불만만 이야기하는 경우가 일반적이다. 서로가 원하는 욕구를 말해야 원하는 결론에 이를 수 있는데, 서로의 행동만 비판적으로 분석하고 있기 때문에 갈등의 골이 깊어지는 것이다. 앞서 설명했지만, 갈등을 해결하기 위해서는 서로 공감해야 한다. 상호 간의 공감이 필요하지만, 이미 갈등이 벌어진 상황에서는 상호 간에 공감하기가 쉽지 않다. 그래서 중재자는 갈등이 발생한 개인 혹은 집단에 대해 공감해야 한다. 공감한다는 것은, 다른 방식으로 표현하면 상대방의 욕구를 이해한다는 것이다. 결국 중재자가 해야 할 일은, 갈등하고 있는 사람들의 욕구를 올바르게 인지하는 것이다.

하지만 앞서도 이야기했듯이 서로 비판적인 분석으로 날을 세우고 있는 당사자들의 욕구를 알아차리는 것은 쉽지 않다. 인내심과 신중함을 요하는 일이기에 힘든 일이다. 게다가 욕구를 인지하는 힘든 과정이 끝났다 하더라도 갈등의 중재자 역할은 아직 끝나는 것이 아니다. 그들이 올바른 방식으로 욕구를 표현할 수 있도록 도와주는 역할이 남아있으며, 그 이후에도 그들이 타인과 대화하면서 타인의 욕구를 인지할 수 있도록 가르침을 주어야 한다. 문제는, 대한민국 사회를 구성하는 대부분의 사람이 자신의 욕구를 올바르게 표현하는 방법과 다른 사람의 욕구를 듣는 방법을 훈련하지 못한 채 성장하였다는 것이다.

초등학생들에게 현대인의 갈등에 대해 이야기해주면 아마 쉽게 갈등을 해결할 수 있을 것이다. 하지만 고도의 경쟁 사회에서 비인간화가 많이 진행된 사회인들은 쉽사리 자신의 욕구를 표현하지 못하고, 마찬가지로 타인의 욕구 또한 쉽사리 이해하지 못한다.

이러한 환경에서 중재자의 역할을 하는 사람들은 갈등을 제어하고, 갈등하는 당사자가 서로를 공감할 수 있도록 노력해야 한다.

의사소통의 방식을 조절하는 능력을
갖추어야 한다

급박한 상황에서는 다른 의사소통의 방식이 필요하다

이 책을 읽는 독자 대다수는 이미 느끼고 있겠지만, 필자가 소개하는 의사소통 방식은 현재 군과 사회에서 득세하는 의사소통 방식보다 효과가 느리고 구성원 간의 인내심을 필요로 하는 방법이다. 그렇기 때문에 이러한 방식의 대화를 나눌 수 있는 기회가 없는 경우가 많고, 때로는 생명의 위협이 임박한 경우가 있을 수도 있을 것이다. 이럴 경우에는 간부의 현명함이 필요하다. 간부의 순발력이 조직의 가장 중요한 가치(생명이나 목표)를 지키는 것이다.

보호를 위해 개입하는 것은, 조직원들이 다치거나 조직 내에서 부정이 저질러지는 것을 막기 위함이다. 그러나 처벌을 위한 징계는 성격이 다르다. 어떤 행위의 잘잘못을 지적하기 위해 신체적 공격이나 심리적 비난으로 처벌하는 것이다. 이처럼 처벌을 위해 힘을 사용하는 이유는, 잘못한 사람이 자신의 행동이 잘못되었다는 것을 알만큼 고통을 받으면 뉘우치고 행동을 바꿀 것이라는 믿음이 있기 때문이다. 하지만 징계를 내리는 것은 뉘우침이나 교훈을 주기보다는 원한과 적의를 불러일으켜 우리가 궁극적으로 원하는 방향으로 행동을 이끌기보단 감정적인 저항이나 반항을 강화한다.

폭언·욕설 역시 처벌의 한 가지 유형일 수 있다. 필자는 대한민국 사회에서 폭언·욕설(때로는 체벌·구타)을 하는 것이 중간관리자의 역할을 하는 이들에게도 강력한 감정의 폭풍을 불러일으킨다는 것을 알고 있다. 필자와 함께 근무한 선배들 중에서도 "요즘 병사들이 개념이 없는 것은 적절한 지도(폭언·욕설, 구타·가혹 행위)를 하지 않았기 때문이다."라며 폭언·욕설 및 인격모독 행위를 옹호하는 사람들이 있었다. 그분들은 강력한 처벌을 통해 행동의 한계를 정해주는 것이 간부(상급자)의 역할이라고 생각했을지도 모른다.

하지만 필자의 경험에 비추어 생각해보았을 때 폭언·욕설 및 인격모독은 결코 올바른 지도방식이 아니며, 긍정적인 효과를 거두기도 어렵다. 중간관리자의 행동을 답습하는 조직원들이 폭언·욕설 및 인격모독이 올바른 행위라고 착각할 수 있기 때문이다.

그리고 이러한 올바르지 않은 지도가 계속된다면, 조직원들을 교화하고 바르게 지도하고자 하는 중간관리자의 사랑을 이해할 수 없을 것이다.

두 번째 이야기

**스킨십을
통해
사랑을
표현하자**

앞선 장에서 우리는 언어를 통한 의사소통에 대해서 이야기했다. 두 번째 장에서는 비언어적 의사소통의 수단 중 하나인 스킨십에 대해 집중적으로 이야기해보고자 한다.

비록 짧은 군 생활을 했지만, 나의 군 생활 경험에 비추어 보았을 때 우리 군 지휘관의 99% 이상은, 방식이 다를지라도 자신의 부대원을 진심으로 아끼고 사랑하고 있다. 가끔 그들의 의도가 왜곡되어 곤란함을 겪게 될 때도 있지만, 분명히 모든 지휘관은 자신의 안위와 이익, 안녕보다는 조직원의 행복과 미래를 생각해주는 이들임에 분명하다. 그럼에도 불구하고 어떤 이는 냉혈한이라는 평가를 받으며 부대원들의 존경을 받지 못한다. 우리는 이런 현상이 왜 발생하는가에 대해 분명히 생각해볼 필요가 있다. 부대원들에게 어떤 방식으로 사랑을 전달해야 할까? 필자는 '스킨십'이 하나의 답이 될 수 있다고 생각하며, 이에 대해 독자들과 이야기해보고자 한다.

필자가 스킨십에 답이 있다고 소개하였을 때, 일부 사람들은 고개를 갸우뚱거렸을지도 모르겠다. 책에서까지 다룰 정도로 스킨십이 중요한 문제인지 의문을 느낄 수 있다고 생각하기 때문이다. 게다가 신빙성 있는 근거 자료를 제시하는 것이 어렵기 때문에 더욱 그렇다. 하지만 스킨십은 생물학적으로 꼭 필요한 행동일 뿐만 아니라 사람과 사람을 이어주는 소통의 도구임에 분명하다. 스킨십을 하는 순간은 분명히 짧지만, 사랑을 담은 잠깐의 스킨십은 긴

시간 이어지는 사랑의 세레나데보다 더 강한 효과를 불러일으킬 수 있다.

나는 이 책을 읽고 있는 독자들에게 믿음이나 확신을 주고 싶은 마음이 없다. 독자들이 스스로 생각할 수 있는 기회를 주고자 하는 것이 필자의 의도다. 그러니 필자가 이야기하는 것을 비판적인 시각에서 바라보며 자신만의 스킨십 방법을 진지하게 고민하길 바란다.

스킨십의 필요성

스킨십의 이해

'스킨십(Skinship)'의 사전적인 정의는 '피부 접촉에 의한 애정의 교류'이다. 스킨십을 통해 애정의 교류가 일어날 수 있다는 것이 사전적 정의에서 이미 표현되어 있는 것이다. 앞서 필자가 이야기했지만 대부분의 지휘관 및 지휘자는 자신의 부하들을 진심으로 사랑한다. 문제는 이러한 애정을 부하들에게 표현하는 것에 대부분의 지휘관이 서투르다는 것이다. 그렇기 때문에 군내의 원활하고 건전한 애정 교류를 정착시키기 위해서는 올바른 스킨십이 활성화되어야 한다.

스킨십에 대해 이야기하기 위해서는 촉각과 뇌의 관계에 대해 알아야 한다. 촉각은 따뜻함, 차가움, 가려움, 간지러움, 통증 등 임박한 자극(위협)을 인지하고, 이를 뇌에 전달하는 역할을 한다. 이러한 촉각을 담당하는 피부는 우리의 신체기관 중 가장 큰 부분을 차지하고 있으며, 체중의 약 20퍼센트 정도를 차지하고 있다. 이는 약 17㎡ 정도의 면적이며, 5백만여 개에 이르는 신경이 뇌와 연결되어 있어 이를 통해 자극이 뇌에 전달되게 된다. 촉각은 매우 인접한 자극에 반응하기 때문에 매우 민감하고, 경우에 따라서는 즉각적으로 신체를 움직이게 한다. 그래서 인류의 생존에 매우 중요한 감각이라고 할 수 있다. 그 결과 인류는 촉각이라는 감각에 민감하게 반응하도록 진화하였고, 그렇기 때문에 피부 접촉은 매우 효과적인 의사소통 방법이 될 수 있다.

여기서 한 가지 더 우리가 생각해봐야 할 것은, 피부가 여러 가지 자극을 수신하는 기능 외에도 신체의 상태를 표현하는 기능을 가지고 있다는 것이다. 다시 말하면 심적 불안이나 스트레스 같은 것이 피부에 발현되는 증상으로 나타날 수 있다는 것이다. 1978년 로버트 그리쉬머라는 의사가 피부과 환자 5천 명을 대상으로 연구한 결과에 따르면, 피부과 질병 대부분이 정신적인 원인으로 발병한 것이라고 한다. 낭종으로 고생하는 환자의 27퍼센트, 대상포진 환자의 36퍼센트, 건선 환자의 62퍼센트, 두드러기 증상을 보이는 환자의 68퍼센트, 습진 환자의 70퍼센트, 가려움증을 호소하는 사람의 86퍼센트, 피부에 사마귀가 생긴 사람의 95퍼센트, 가려움으로 피부가 벗겨지는 환자의 95퍼센트 이상, 그리고 평소보다 땀을 많이 흘리는 사람 대부분이 정신병리학적 이상을 보인다는 것을 밝혀냈다. 이처럼 피부는 수신기능뿐만 아니라 발신기능까지 한다.

스킨십의 가치

스킨십은 사람에게 분명히 영향을 준다. 본격적으로 스킨십에 대해 이야기하기 전에, 스킨십이 우리에게 어떠한 가치를 가지고 있는지에 내해 열거하도록 하겠다.

스킨십이 가지고 있는 첫 번째 가치는 생물학적 가치이다. 사람에게 있어 스킨십 경험은 신체와 정신적 발달을 이루는데 중요한 역할을 한다. 특히 사회적 관계를 형성하는 단계에서의 스킨십 경험은 매우 필요하다. 타인과의 관계에서 스킨십을 배우지 못한 것은, 필요한 욕구를 표현하기 위한 방법을 온전히 학습하지 못한 것과 같다. 이러한 상황이 계속된다면, 심한 경우 신체적 장애를 겪는 경우도 있다.

두 번째 가치는 의사소통 수단으로서의 가치이다. 스킨십을 통해서 많은 감성적 메시지를 전할 수 있고, 때로는 스킨십이 마음을 전하는 유일한 창구가 되기도 한다.

세 번째 가치는 심리학적 가치이다. 스킨십은 타인에게도, 자신에게도 심리적 안정감을 줄 수 있다. 정신질환을 앓는 이가 두 팔로 자기 어깨를 껴안고 토닥이는 행동을 자주 보이는 것도 전부 스킨십 결핍에 기인하는 것이다. 스트레스를 받거나 기운이 없을 때 누군가 안아주고 위로해주면 조금이라도 우울감이 가시는 듯한 기분을 느끼는 건 거의 예외가 없는 현상이다. 스킨십은 자아정체성을 확립하고 자신의 신체적 이미지를 올바르게 만드는데 반드시 필요하다. 또 자존감을 키우는데 없어서는 안 되는 요건이다.

네 번째는 사회적 경험으로서의 가치이다. 다른 사람들을 신뢰하고 타인의 요구에 섬세하게 대응하는 능력은 곧 스킨십과 직결되는 문제이다. 결혼생활에서 어려움을 겪는 사람들은 대부분 어린 시절 스킨십에 대한 트라우마를 가지고 있다고 한다. 어린이들이 풍부하고 올바른 스킨십을 경험할 수 있도록 애정을 쏟아 부은 사회는 절도, 살인, 강간과 같은 범죄가 일어날 확률이 매우 낮다.

앞서 열거한 네 가지 가치는 스킨십을 연구하는 학자들이 스킨십의 긍정적인 효과를 설명할 때 등장하는 핵심적인 가치들이다. 이처럼 스킨십은 우리 삶에 큰 영향을 미치고 있다.

스킨십을 통한 의사소통의 메커니즘

스킨십의 메커니즘에 대해 생각해보자. 터치가 일어나면 신경이 이에 반응하고, 그 자극에 반응하여 근육이 움직이고, 결국 육체적, 정신적 변화가 일어가게 되며, 결국 상대방과 감정적으로 호응하게 된다. 이러한 스킨십의 메커니즘을 본능적으로 이해하는 것이 매우 중요하다. 특히 아직 뇌가 발달을 마치기 전인 20대 중반 이전에 이러한 메커니즘을 이해하는 것이 중요한데, 뇌가 발달을 완료하기 전에 자신이 경험했던 스킨십에 대한 느낌이나 행동방식에 근거하여 일생을 지배하는 전반적인 감정회로가 정립되기 때문이다. 때문에 스킨십을 통한 자신의 감정변화를 인식하는 것은 한 사람의 일생에 있어서도 매우 중요한 일이다.

미국 인디애나주에 있는 퍼듀대학 연구팀은 스킨십의 효과를 검증하기 위해 실험을 실시했다. 대학교 도서관 사서를 대상으로 학생들이 책을 빌리려 할 때 일부는 서로의 손이 닿도록 하였고, 일부는 손이 닿지 않도록 했다. 자신도 모르게 실험에 참여하게 된 학생들의 반응은 분명하게 엇갈렸다. 도서관 사서와 손이 닿지 않은 학생들은 별 반응이 없었지만, 사서와 손이 닿은 학생들은 사서가 자신을 도와준다는 느낌이 들어 더 좋았다는 반응을 보였다.

퍼듀대학 연구팀은 이어서 또 다른 실험을 실시했는데, 한 학생이 공중전화 박스에 동전을 두고 나온 후 그다음 번에 전화박스에 들어간 사람에게 접근해 혹시 동전을 보지 못했냐고 묻게 했다. 동전을 보았다고 솔직하게 말한 사람은 없었다. 이후에는 방법을 달리했다. 동전을 두고 나오는 것까지는 동일하지만, 다음에 전화박스에 들어간 사람의 팔을 몇 초 동안 가볍게 잡게 했다. 그러자 이번에는 대부분 학생에게 동전을 돌려주었다.

위의 실험에서 볼 수 있듯이, 스킨십은 타인과의 커뮤니케이션에 긍정적인 효과를 불러일으킬 수 있다. 하지만 스킨십이 이런 긍정적인 효과를 가지고 올 수 있다는 것을 알면서도 스킨십을 주저하는 사람들이 있다. 스킨십을 많이 해보지 않아서 자신이 시도하는 스킨십이 마지못해 하는 스킨십처럼 비칠 수 있다고 생각하기 때문이다. 자신은 타인에게 에너지를 전해주고 싶고 강력한 정열을 표현하고 싶지만, 그러한 의도가 정상적으로 전해지지 않을 것이라고 생각하기 때문일 것이다. 어쩌면 스킨십을 시도하였는데 그러한 시도가 크게 실패한 경험이 있어 트라우마로 기억 속에 남아있을 수 있다.

스킨십은 세상을 향해 우리의 의향을 몸으로 표현하는 방법이다. 적극적으로 스킨십하는 사람도 있을 것이고, 스킨십을 좋아하지만 수동적인 사람도 있으며, 다른 사람의 접근을 차단하고 거부하는 사람도 있다. 독자 여러분이 어떠한 성향의 사람이든 상관없다. 그저 필자는 스킨십을 시작하라고 이야기하고 싶을 뿐이다.

스킨십은 우리가 타인에 대해서 느끼고 생각하는 것을 실질적으로 표현하는 수단이다. 그리고 상대방이 이상한 사람이 아닌 이상, 스킨십으로 표현하는 감정을 곡해해서 해석하지 않을 것이다.

스킨십을 인지하는 능력은 우리의 피부와 뇌에 골고루 퍼져있다. 우리는 스킨십을 통해 의사소통을 잘할 수 있도록 연습해야 하고, 그 연습을 통해서 스킨십을 의사소통의 수단으로 활용해야 한다. 스킨십이 두렵거나 스킨십에 대한 안 좋은 기억이 당신의 행동을 제약하더라도 말이다.

스킨십을 정직하고 순수하게 사용하면서 더 나은 인생을 타인과 나누며 살기를 바란다.

스킨십의 현실과 어려움

대한민국 군에서 스킨십의 현주소

연인과 헤어졌을 때나 오랫동안 준비했던 시험에서 좋은 결과를 얻지 못하였을 때, 누군가가 자신의 손을 잡고 위로해주었으면 하는 생각을 해보았을 것이다. 그것은 우리의 뇌가 우리도 모르는 사이 살면서 느꼈던 감정을 다시 느끼고 싶어 하기 때문이다. 물론 살아온 환경과 나이에 따라서 다른 스킨십을 원할 수는 있겠지만, 위로의 스킨십을 원한다는 것은 분명하다.

하지만 대한민국과 같은 유교 문화권에서 생활한 사람 중 일부는 2차 사회화 과정에서 잘못된 훈육을 경험하고, 그로 인해 힘들고 어려운 순간에도 스킨십을 멀리하고 다른 자극을 찾는 경우가 많다. 문제는 그 자극이 스킨십의 대체재 역할을 해야 하기 때문에 강렬한 자극을 주는 술, 담배, 마약처럼 몸과 마음을 망가트리는 것이라는 점이다. 때문에 올바른 스킨십에 대한 교육이 필요하다. 하지만 대한민국의 청년들은 과도한 교육열과 부모들의 잘못된 훈육이 10대에서부터 20대까지 이루어지고 있어 스킨십 교육이 실시되지 않고 있다.

대한민국에서 군은 가장 한국적인 곳이다. 가장 유교적인 문화가 강하게 남아있기 때문이다. 해야 하는 일과 해서는 안 되는 일이 정해져 있어 개인의 행동에 대한 제약이 크며, 조직의 이해관계에 반하는 행동은 조기에 경고하고 이를 어겼을 경우 조직에서 배제한다.

대한민국 군에서 이루어지는 스킨십은 냉정히 말하면 악수 이외에는 전무하다. 군의 구성원 중 많은 이가 촉각적 경험이 필요 없다고 생각하며, 스킨십을 '사고를 유발하는 행동'으로 생각하는 경우가 많기 때문이다. 그로 인해 20대 초반의 병사들은 스스로 스킨십을 금기시하고 사회적으로 위험한 행동이라고 생각하며, 그 금기를 깨면 자신이 비난받아 마땅하다고 여긴다. 그러한 비난은 자책으로 이어지고, 결국 스킨십이란 잘못된 행동 혹은 위험한 일이라는 생각이 굳어진다. 이러한 문화에 적응한 사람들은 조직이 받아들일 수 있는 범위 내에서만 스킨십을 흉내 내게 되는데, 그 결과가 지금 군에서 나타나는 스킨십인 것이다.

이처럼 2차 사회화 과정에서 스킨십에 대한 욕구가 억압된 청년들은 촉각적인 자극에 감정을 느끼기보다 점점 비인간적인 것에 집중하게 된다. 그 결과 친근함, 안정, 사랑, 위안과 같은 감정을 타인과 나눌 때 가식적이 된다. 결과적으로 친구들이나 가족들과도 스킨십을 하지 않게 되어 앞서 기술한 바와 같이 마약, 음주, 비정상적인 성적인 탐구 등을 통해 그 욕구를 채우려 한다. 이 시기에 스킨십을 경험하지 못하면 그 누구와도 자신의 감정을 진심으로 나누면서 대화하지 못하게 되는 것이다. 이는 비단 군에서만의 문제가 아니다. 대한민국의 사회적 문제로까지 발전한 상황이다. 대한민국의 가장 가까운 미래인 20대 청년들의 마지막 훈육의 장이 되어야 할 군이 교육적 책임을 짊어져야 하는 시점이다.

스킨십이 어려운 이유

사람들은 어머니의 뱃속에서 나면서부터 타인과의 의사소통을 위한 방법을 학습한다. 그리고 이 학습은 죽기 직전까지 계속된다. 스킨십도 동일하다. 타인과의 관계를 기반으로 학습하는 것이다 보니 스킨십은 문화권의 영향을 크게 받는 편이다. 어떠한 문화권에는 스킨십이 자연스럽고, 어떠한 문화권에는 그렇지 않다. 한국은 유교 문화권이며, 기독교를 믿는 사람들의 영향으로 스킨십을 금기시하는 분위기가 만연해 있다. 과거 기독교에서는 스킨십을 통한 육체적 기쁨과 위안을 느끼는 것이 곧 죄가 된다는 교리가 잘못 전해져 촉각 자극을 통한 희열이 금기시되고 두려움과 죄책감은 극대화되는 경우가 있었다.

이러한 영향을 직·간접적으로 받아 대한민국은 스킨십을 하기 어려운 국가가 되었다. 인간에게 꼭 필요한 기본적인 욕구를 부정하고 회피하려고 하는 것은 무척이나 안타까운 일이다.

스킨십은 경제적인 부분의 영향도 받는다. 자유경제체제에서 사유재산은 타인의 영향을 받아서는 안 되는 영역이다. 이러한 영향은 인간관계에도 고스란히 적용되어 대한민국의 어린이들은 어렸을 때부터 다른 이의 물건을 허락 없이 만지지 말라고 배운다. 그러다 보니 스스로 스킨십을 해가며 세상과 소통하는 방법을 배우는데 거부감을 느끼는 것이 사실이다. 이러한 환경에서 자라난 사람들이 대부분인 사회가 형성되다 보니 스킨십이라고 하면 음지의 영역처럼 인식하게 되어버린 것이다.

대한민국에서 스킨십 하는 것을 가장 제한하는 것은 바로 사회적 분위기이다. 신체적인 접촉을 통한 성추행 등이 뉴스를 통해 사회적 문제로 인지되다 보니 거의 모든 사람이 스킨십을 꺼리게 된다. 사회 분위기상 누군가와 신체적 접촉을 할 때, 어떤 식으로든 성적인 의도가 개입되는 것을 꺼리기 때문이다. 특히 남자는 성적인 돌발 행동을 하고 말 것이라는 지레짐작으로 인해 애초에 피해야 하는 공포의 대상이라고 인식되기까지 한다! 물론 신체적 접촉이 성관계와 전혀 관계없다고 이야기할 수는 없지만, 스킨십이라는 기초적인 소통 방법이 문화적 배경 때문에 배척당한다는 사실이 매우 슬프다.

물론 이러한 문화적 배경에는 사실과는 전혀 다른 선입견이 있다. 첫째는 대부분의 남자는 여자에 비해서 타인을 향한 진실한 애정이 없다는 것이고, 두 번째는 남자는 애정이 없이도 성적인 행동을 하는데 주저함이 없다는 것이다. 이러한 사회적인 인식은 대한민국이 얼마나 성적으로 불평등한지 나타내는 하나의 지표이며, 남성으로 태어났다는 사실만으로 이겨내야 할 편견이 존재한다는 반증이다. 실제로 남성들 또한 스킨십을 통한 심리적 안정감을 느끼지만, 대한민국 사회에서는 남자아이들이 스킨십을 하며 애정표현을 하면 그들을 남자답지 않다고 생각하고 나약하다고 느낀다. 이러한 사회적 인식은 스킨십을 빼놓더라도 많은 측면에서 문제를 일으키기 때문에, 이러한 인식을 종식시키기 위해서 모두 노력해야 할 것이다.

마지막으로 직업이나 권력도 스킨십을 주저하게 하는 이유이다. 누구나 동감하겠지만, 조금이라도 더 높은 자리에 있는 사람이 그렇지 못한 사람에게 스킨십을 시도하는 경우가 그렇지 못한 경우보다 많다. 낸시 헨리라는 사람은 자신의 저서 『신체정치학』에서 먼저 상대에게 접근해 스킨십을 시작하는 것은 자신의 권력을 과시하기 위함이라고 논하였다. 권력의 우위에 있는 사람이 그러한 의도가 없더라도 말이다.

이러한 측면은 사회가 경직되고 폐쇄되어 있는 경우에 강하게 나타나는데, 특히 군이 비슷한 이러한 환경을 하고 있다. 그러므로 권력적으로 우위에 있는 사람은 스킨십을 시도할 때 의도가 곡해되지 않도록 노력해야 한다.

지금까지 스킨십을 회피하게 하는 여러 가지 요인을 열거하였다. 그리고 대한민국에서 스킨십이 제한되고 있는 상황도 이야기하였다. 우리는 이러한 사회를 살아가고 있다. 다시 말하면 우리는 스킨십이 제한된 사회 속에서 살고 있으며, 개개인 또한 이러한 사회를 만드는데 일조하고 있다는 것이다. 이런 현실을 바르게 이해하고 있어야 한다. 왜냐하면 우리가 이러한 사회적 분위기를 바꾸어야 하기 때문이다.

대한민국에서 나고 자란 이상 스킨십에 대한 두려움을 가지는 것은 어찌 보면 당연하다. 그래서 많은 사람이 다른 사람과의 스킨십을 주저하게 되는 것이다.

'오해를 사지 않을까?', '나를 이상한 사람으로 보지 않을까?'라는 걱정은 스킨십을 시도하고자 하는 사람이라면 누구나 가지게 되는 걱정이다. 어린 시절부터 스킨십을 하는 걸 억압받았거나, 스킨십을 하다가 상처받은 경험이 있으면 이러한 두려움은 더욱 커진다.

우리가 필요한 만큼의 충분한 사랑을 받는 것을 어려워하는 데에는 크게 두 가지 이유가 있다. 하나는 유년 시절에 애정이 담긴 스킨십을 접한 경험이 부족하기 때문이고, 다른 하나는 바로 친밀함에 대한 두려움 때문이다. 어린 시절부터 충분히 스킨십을 경험하고 자신이 행한 스킨십에 대한 반응이 만족스러웠다면 그렇지 않을 테지만, 그런 사람은 극히 일부이다. 대부분은 누군가와 가까워질 때 막연한 불안감을 느낀다. 친밀감에 대한 두려움은 우리가 생각하는 것보다 훨씬 보편적인 현상임에 틀림없다.

우리는 혼자 있을 때의 안도감이 무엇인지 알고, 타인에게 실망하지 않으려 자기 자신을 소외시키는 경험을 할 때가 있다. 누군가와 지나치게 친해지는 것은 곧 자립심을 잃는 것이라 생각하기도 한다. 다른 사람을 통해서 몰랐던 내 모습을 발견할 때도 있고, 그 모습이 자신의 마음에 들지 않아 피하고 싶을 때도 있다. 자신이 느끼는 친밀함에 대한 두려움은 인정하기 어렵지만, 자신의 감정과 행동을 합리화하는 것은 쉽기 때문이다. 그러다 무슨 문제라도 생기면 바로 다른 사람과 환경 탓을 한다.

이러한 현실이 우리 개개인의 마음속 현실이다. 대부분의 사람이 친밀함에 대한 두려움을 가지고 있고, 그러한 두려움 때문에 의사소통에서도 불편함을 느끼는 사회에 우리는 살고 있는 것이다.

스킨십의 부재가 우리에게 미치는 영향

올바른 스킨십을 경험하지 못한 결과

앞서 여러 번 스킨십을 경험하지 못했을 때 부정적인 결과가 나타날 것이라고 이야기했다. 이에 대해서 개조식으로 열거하자면 첫째로 정신적, 신체적 장애가 나타날 수 있다. 둘째로 아동기에 생리적 발달 문제가 발생할 수 있으며, 신체가 성장한 이후에는 정신지체로 발전할 수 있다. 셋째로 타인과의 의사소통에 장애를 겪는다. 조금 더 자세하게 설명하자면 다른 사람에게 애정을 주는 것에 익숙하지 않고, 사랑을 받는 것도 어색해하며, 감정을 깊게 느끼는 것을 어색해하게 된다. 네 번째로 이러한 상황이 지속되면 지나치게 애정에 집착하게 되고, 종극에는 어떻게 해도 채울 수 없을 만큼 결핍 정도가 심각해진다. 그 결과 자신의 인생을 비관하게 된다. 마지막으로 스킨십 기피증 환자가 되고 세상에 미련을 갖지 않게 된다.

이처럼 스킨십의 부재가 우리에게 가져오는 부작용은 일상생활이 불가능할 정도이다. 기쁨을 느끼는 뇌가 스킨십 결핍이나 촉각 자극의 부족으로 상처를 입으면, 다른 그 무엇으로부터도 만족을 느낄 수 없게 되고 단순한 쾌락만 좇게 된다. 언제나 무언가 부족하다고 느끼면서 안정을 찾지 못하고, 주기적으로 폭력적인 성향을 보이기도 한다.

이러한 결과를 입증하기 위한 유명한 실험이 1960년대에 있었다. 해리 할로의 원숭이 실험이 그것인데, 어미와 떨어져서 홀로 자란 원숭이들은 자신이 놓인 상황에 극도로 흥분하거나 죄책감 없이 폭력을 행사하는 등 비정상적인 행동을 보였다. 물론 그러한 환경에서 자란 원숭이들은 부모가 되어서 자식의 행동을 제한하고 폭행했다. 이렇듯 고립된 생활 속에서 정상적인 감각을 상실한 원숭이들은 사회에 적응하지 못하고, 스스로 자신을 잡아 뜯거나 몸을 이유 없이 흔들기도 하며, 급기야는 자폐 증세를 보이기도 하였다. 이것은 사랑과 스킨십 결핍으로 접촉, 행동, 감정 등을 인식하는 뇌가 손상되었거나 온전하게 발달하지 못했다는 것을 보여준다.

반면에 스킨십을 자주 하면서 자란 원숭이들은 자신을 사랑할 줄 알고, 누구에게나 친근하게 다가가며 활동적이다.

피부굶주림에 대해서

행동 과학자들은 스킨십의 결핍으로 겪게 되는 고통 및 불편함, 그리고 신체병리학적 반응을 통칭 '피부굶주림'이라고 부른다. 피부굶주림의 증상은 불안감, 외로움, 배고픔 등이다. 이러한 피부굶주림의 가장 좋은 해결법은 스킨십을 통한 치유이지만, 대부분 맵고 짠 음식을 먹거나, 수면제를 복용하거나, 유흥에 빠진다. 사람은 누구나 이러한 갈망을 가지고 태어나며, 그것을 완전하게 채울 수 있는 이는 드물다.

신체적인 발달이 끝난 성인에게 스킨십 결핍이 생길 경우 어떤 일이 일어나는지에 대해 조사한 통계자료가 있다. 메릴랜드대학 연구진이 실시한 조사 결과를 보면, 미국 내 미혼 인구의 사망률이 기혼 인구의 사망률보다 다섯 배 정도 높았다. 제임스 린치라는 의사는 미혼인 미국인이 심장병으로 사망할 확률이 기혼자의 사망률보다 적어도 두 배에서 다섯 배에 이른다고 하였다. 배우자가 사망했거나 이혼으로 다시 혼자가 된 사람들의 사망률 역시 기혼인구보다 높다.

린치 박사는 스킨십의 중요성에 대한 연구결과를 발표하였다. 중환자실에 있는 심장마비 환자들의 심장박동을 관찰했는데, 간호사가 환자의 맥박을 잴 때는 잠시 안정적인 심박 수를 유지하다가 간호사가 손을 떼고 병실을 나가면 비정상적인 심장 박동을 관찰할 수 있었다.

이혼한 부부의 자녀가 스킨십 결핍으로 이상 행동을 보이는 경우도 많이 있다. 이혼하는 부부가 늘어나면서 이러한 자녀의 수가 늘어나고 있다. 부모 혹은 가족(아니면 친구 등)이 명백한 이유 없이 예전과 다른 태도를 보이며 스킨십을 줄이는 것은, 아무리 짧은 기간이라도 자녀에게 치명적인 영향을 준다. 장기적으로 보면 심각한 정신 질환이나 신체적 질병을 유발할 수 있다. 또한 이러한 영향이 당장은 표면적으로 드러나지 않더라도 수명을 줄일 수도 있으며, 여러 가지 질병을 가지고 올 수도 있다.

부모 혹은 보호자의 스킨십이 부족한 3살 아이의 골격 발달 정도는 정상적인 아이의 발육의 절반 정도밖에 되지 않았다고 한다.

피부 질환 역시 스킨십과 깊은 상관관계에 있다. 피부질환은 대개 평온하지 못한 감정의 기복으로 인해 생긴다. 다시 말해 피부와 감정은 상호작용을 하는 것이다. 따라서 외부적인 신체 접촉과 내부적인 감정치료(스킨십)를 병행해야 좋은 치료 결과를 얻을 수 있다.

미래학자인 존 나이스비트는 『메가트랜드』라는 책에서 "고도의 테크놀로지 사회가 될수록 인간적 접촉의 중요성도 그와 균형을 이루어야 한다."라고 주장했으며, "그렇지 않으면 기술이 오히려 퇴보할지도 모른다."라고 경고했다. 기술이 발달할수록 이에 대한 반작용으로 사람들은 인간적 감성을 느끼고 싶어 하기 때문이다. 사회가 더욱 발전해도 스킨십은 지속되어야 하는 이유이다.

군에서의 스킨십

군에서의 올바른 스킨십

군에서 자연스럽게 스킨십을 한다는 것은 매우 어려운 일이다. 훈련을 할 때도, 사무를 볼 때도 위계질서가 확립되어 있는 사회이기 때문이다. 또한 상급자는 스킨십을 하면 자신의 권위가 낮아지는 것만 같고, 하급자는 상급자에게 감히 스킨십을 시도할 엄두를 내기 어렵기 때문이기도 하다. 필자 역시 스킨십을 초급 장교 시절부터 거리낌 없이 시도한다고 했지만, 지쳐 보이는 여군 담당관과 악수를 하는 것을 꺼린 적이 있었다.

스킨십을 통해 교감하는 것은, 사실 다른 방법으로 의사소통하는 것과 크게 다르지 않다. 기분이나 상황이 좋으면 좋은 대로, 또 나쁘면 나쁜 대로 그 감정을 밖으로 표출한다는 점은 다른 방법과 똑같기 때문이다. 필자가 초급 장교 시절, '스킨십을 머뭇거리는 부사관과 병사들이 나처럼 적극적인 사람이 무뚝뚝한 사람보다 예측하기 어렵기 때문에 피하고 싶은 건가?'라고 생각할 정도로 의문이 생기는 일이 있었다. 시간이 지나 부대를 떠나기 전에 나와 스킨십을 피했던 부사관들에게 찾아가서 나의 스킨십을 불편해하는 이유에 대해서 물어보았다. 그러자 "타인을 존중하고 상식에 어긋난 행동만 하지 않는다면 굳이 어색한 스킨십을 해야 할 필요가 있습니까?"라는 답변을 들었다. 거기에 나는 "타인을 배려하고 의식하는 것은, 어색하고 불편해서 피하고 싶은 스킨십을 극복한 다음에 할 일이 아닌가?"라는 답변을 해주었다. 물론 필자의 이 생각은 아직도 변하지 않았다.

내가 소대장으로서 병사들을 지휘한 지 얼마 되지 않았을 때의 일이다. 나는 본능적으로 나의 스킨십에 병사들이 긍정적으로 반응한다는 것을 알게 되었다. 굳이 많은 말을 하지 않아도 병사들은 내가 자신들을 좋아한다는 것을 알았다. 병사들은 내가 스킨십을 하면 미소 띤 얼굴로 나에게 더 가까이 다가왔다.

병사들의 마음의 소리를 들을 수 있는 열쇠 역시 스킨십이었다. 마음의 문을 굳게 닫은 사람도 그 빗장을 열게 하고, 좀 더 깊은 진심을 나눌 수 있도록 만드는 나만의 무기가 바로 스킨십이었다. 필자는 비록 짧은 군 생활을 했지만, 이러한 비언어적 의사소통이 매우 중요하다는 것을 깨달을 수 있는 기회가 많이 있었다. 처음에는 거부 반응을 보이던 병사들도 얼마 지나지 않아 내가 스킨십을 할 수 있도록 자세를 취했으며, 일부는 웃으면서 먼저 다가와 안기기도 했다. 일례를 들어보자면 필자는 소대장과 1차 중대장 임무를 기계화부대에서 수행했는데, 기동을 시작하기 전 조종수들을 불러서 눈을 맞추고 포옹을 하고 하이파이브를 한 뒤에 기동을 시작하였다. 육중한 궤도 장비 사고가 병력과 민간인을 위험에 빠지게 할 수 있기 때문이기도 했지만, 조종수들이 가장 긴장하는 순간에 그들의 편이 되어주고 싶었으며, 그들의 걱정을 분담해주고 싶었기 때문이다. 그 덕분인지 지금까지 필자가 지휘했던 제대에서는 기동 중에 사고가 났던 적이 없었다.

전인교육에 관심이 있고 병사들과 속 깊은 대화를 나누고자 하는 간부들이라면 스킨십이나 보디랭귀지의 효과와 가치를 인지하고 적극적으로 활용할 줄 알아야 한다. 불행하게도 한국의 사회적 분위기는 병사들이 그들의 본능과 감각을 숨겨야만 하게끔 설계되어 있다. 때문에 간부들이 솔선수범해서 이러한 사회의 부정적인 분위기를, 내무생활 중에는 느끼지 않도록 만들어야 한다.

행동만으로도 자신의 감정을 전할 수 있음을 알아야 한다. 스킨십은 감정을 전하는 가장 효율적인 수단이다. 내가 진실하지 않은 마음을 먹고 있다면 상대방은 금방 알아챈다. 스킨십을 할 때 남을 속이려고 할 수는 있지만, 무의식적인 부분은 통제할 수 없기 때문에 감정이 그대로 전달되게 된다. 그래서 상대는 의식적으로 꾸며낸 행동인지 아닌지를 금방 알 수 있다.

주의를 주는 말 중 신체적 접촉과 관련된 이야기가 많이 있다. 그러한 언어가 강압적으로 느껴질 때가 많이 있다. 때문에 스킨십을 적극적으로 하는 것은 좋으나, 스킨십이 불러올 수 있는 강압적인 부분을 간과해서는 안 된다. 스킨십을 내무생활에서 활용하는 것은 좋지만, 이러한 측면으로 인해 자신의 의도가 다르게 해석될 수 있다는 것을 알고 있어야 한다.

나는 동시대를 살아가는 다른 간부들보다 자유롭게 병사들과 어울리며 생활할 수 있었던 운이 좋은 장교였다. 지금까지 내가 모셨던 지휘관들께서는 예하 지휘관의 조금은 독특한 지휘 방식을 이해해주시는 분들이었다. 때문에 고정관념처럼 굳어 있던 스킨십에 대한 잘못된 인식을 없애고 조직원이 원활한 감정 소통을 할수 있도록 부대를 만들어갈 수 있었다.

하지만 대부분의 부대에서는 스킨십을 권장할 수 없을 것이다. 비언어적 의사소통의 효용성은 의심할 여지가 없지만, 스킨십을 금기시하고 있기 때문이다. 그렇기 때문에 스킨십을 금기시하고 머뭇거리는 사람들에게 스킨십이란 보살핌이고, 편안함이며, 고단한 삶을 치유해주는 치유제라는 것을 알려줘야만 한다.

『누가 내 치즈를 옮겼을까?』의 저자인 켄 블란차와 스펜서 존슨은 『1분 경영』이라는 저서에서 사람들을 도덕적이고 생산적으로 일하게 만들기 위해서는 새롭고 가치 있는 경험이 필요하다고 하였는데, 여기서 말하는 새롭고 가치 있는 경험이란 스킨십을 가리킨다. 그리고 비단 이 저서에 뿐만 아니라 동기부여에 관련된 세미나를 돌아보면 관리자들에게 "조직원들의 능률을 제고하고 싶다면 스킨십을 시도하라."라고 이야기한다. 피고용자들로 하여금 관리자들도 자신과 같은 편에서 일하는 사람임을 잊지 않게 하고, 그들을 보호하고 응원하는 관리자들의 마음을 온전히 전달하기 위한 가장 효과적인 수단이 바로 스킨십이기 때문이다.

매니지먼트 컨설턴트인 일레인 야브로프와 콜로라도대학의 스탠리 존스 박사는 작업 능률을 향상시키기 위해서는 스킨십을 권장해야 한다고 주장했다. 그들의 논문에 따르면, 개개인의 스킨십 유형 3천 가지를 분석해본 결과 어깨와 팔을 10초간 접촉하는 행동은 대부분의 작업자가 거부감 없이 호의로 받아들였다. 그리고 회사 동료끼리 가벼운 접촉을 하면서 업무 협조를 하면 끈끈한 유대감이 생긴다고 이야기했다.

많은 전입 신병과 면담을 하고 그들을 조직에 동화시키는 과정에서 내가 느꼈던 것은, 스킨십이야 말로 공포감을 줄이고 병사들과 신뢰를 형성하는 등 긍정적인 관계로 발전하기 위한 최고의 방법이라는 것이다. 물론 그러한 나의 철학과 상관없이 나와 스킨십을 나누는 것에 부담을 느끼는 병사들이 있었다. 스킨십이 긍정적인 효과를 가져오는 것은 확실하지만, 병사들이 마음의 벽을 완강히 닫은 상태라면 의사소통을 시작하는 수단으로는 바람직하지 않을 수도 있다. 하지만 충분한 시간을 갖고 서로에 대한 이해가 바탕이 된 이후부터는 마음이 닫혀 있던 병사들도 스킨십을 통한 감정소통에 자연스럽게 응해주었다.

사람마다 스킨십을 열린 마음으로 할 수 있는 시기와 장소가 다르다. 때와 장소에 맞는 스킨십이 이루어질 때, 더욱 긍정적인 효과가 따라온다.

서로를 치유하는 스킨십

사랑하는 사람이 겪는 육체적 피로나 스트레스를 풀어주기 위해, 우리는 본능적으로 마음을 담아 스킨십을 한다. 지쳐 있는 누군가에게 손을 뻗으면 그 사람은 조금이라도 마음이 진정되고 나아가 아픔이 경감되는 감동을 느끼게 된다. 이처럼 스킨십은 신체적 고통뿐만 아니라 정신적 고통도 해소해줄 수 있다.

스킨십은 역사적으로도 굉장히 오래된 치유 방법이었다. 피레네

산맥의 동굴벽화에는 스킨십을 통해 사람들을 치료하는 그림이 그려져 있다. 이러한 그림은 중국, 태국, 이집트의 벽화와 파피루스 그림 등에서도 발견된다. 그리스도의 안수(按手, 목사나 주례자가 성직 후보자의 머리 위에 손을 얹는 일) 또한 성경에서 열두 번이나 언급되는데, 이 역시 스킨십의 오랜 역사를 알려주는 하나의 예이다.

오늘날 신체적·정신적 치료를 할 때, 많은 치료사가 환자와의 소통을 위해 스킨십을 한다. 피부가 느끼는 촉각 자극에 치유의 힘이 있다는 것을 증명하는 사례는 많이 있는데, 출산 예정일보다 빨리 태어난 조산아들을 인큐베이터가 아닌 강보에 싸서 안고 있으면 조산아의 성장과 발육에 훨씬 도움이 된다는 것도 그중 하나이다. 또한 콜로라도대학의 르네 스피츠 교수는 고아원에서 지내는 아이들은 스킨십이 적기 때문에 무척 소외감을 느끼며, 신체적·정신적 발달도 늦어질 수밖에 없다고 단정했다. 그리고 소아과 의사 존 홀트는 모든 아기는 하루에 다섯 번 이상 안아주어야 사망률이 감소하고 질병으로 고생하지 않는다고 이야기했다.

우리는 신체적 접촉이 우리의 수명을 연장하며 병원을 방문하는 횟수를 줄인다는 것을 알고 있다. 스킨십이 생물학적으로 반드시 필요하다는 것은 앞서 말한 것처럼 이미 증명되었다. 단순한 스킨십만으로도 신체적·정신적 안정을 찾을 수 있다는 것 또한 많은 사례를 통해서 알 수 있다.

또한 스킨십이 인간의 신체 내부 기관이 활발하게 작용하도록 돕는다는 것을 뒷받침하는 증거 역시 여러 번 발표되었다. 메릴랜드대학과 펜실베니아의 의사들이 발표한 연구 결과에 따르면 환자의 몸을 만지거나 손을 잡아주면 심장 박동수가 변화하는 것이 관찰

되었고, 심지어 온몸이 마비된 상태의 환자들도 스킨십을 하며 심장 혈관이 격렬한 반응을 보인다고 했다. 웨스턴 리저브 대학병원에서는 아픈 아기들을 평소보다 많이 안아주자 아이들의 체중이 늘고 민첩함이 향상되는 결과를 볼 수 있었다고 한다. 다운증후군을 겪는 아이들 역시 부모의 스킨십이 충분하다면 더 이른 시기에 걸음을 걸을 수 있다는 것이 입증되기도 했다. 또한 하버드 의과대학 의사들은 근육 활동이 제한된 환자들의 근육 회복을 위해 손가락을 가볍게 움직이면서 근육을 이완시키는 치료법을 사용한다.

스킨십은 하는 것만으로도 타인과 자신에게 긍정적인 효과가 있다. 넬 솔로몬 박사는 의사와 간호사를 비롯한 병원 종사자들과 환자 간의 상호작용이 비싼 약만큼이나 효과가 있다는 주장을 하였으며, 여러 논문을 증거 자료로 제출하였다. 그리고 노인요양원에서도 구성원 간의 스킨십이 복지시설의 질보다 중요하다는 연구 결과를 발표하기도 하였다.

스킨십은 의식적이든 무의식적이든 상대에게 사랑을 전달하고, 신진대사를 활발하게 하며, 화학적 변화를 일으킨다. 그리고 그 변화는 우리의 몸을 치유한다. 피부가 느끼는 촉각 자극과 감정은 우리 몸에서 엔도르핀을 생성한다. 엔도르핀은 아픔을 달래고 행복한 기분을 느낄 수 있도록 도와준다. 쉬리너스 번 의학 연구소의 연구결과에 따르면 스킨십은 강력한 항우울제 역할을 하여 우리 몸에 엔도르핀이 생성되는 것을 돕는다고 한다. 모든 치료약과 항생제는 환자가 살고자 하는 의지가 없으면 아무 소용이 없는데, 병원 직원들은 스킨십이야말로 환자가 회복하는데 가장 중요한 요소이며 심각한 병이나 극심한 고통을 수반하는 화상 환자들에게는 특히 그 효용이 더욱 높다고 강조했다. 잠깐씩 손을 잡아주는 것만으로도 환자의 마음을 안정시키고, 상처받은 영혼을 어루만져 주며, 신체적으로 느끼는 고통도 줄일 수 있다.

우리는 어딘가에 부딪혔거나 아픔을 느끼는 부위가 있으면 머리, 턱, 배 할 것 없이 일단 문지른다. 이렇게 아픈 부위를 문지르는 것은, 실제로 통증을 다른 감각으로 대체해 뇌에 전달되는 고통을 차단하는 효과가 있다. UCLA 통증의학센터장 데이비드 브레슬러 박사는 "두통에는 포옹이 즉효약."이라고 주장했다. 관절염으로 생활에 불편을 겪는 사람, 혈액 순환 장애가 있는 사람, 당뇨병으로 감정 기복이 심한 사람에게 포옹을 해주면 차이는 있어도 도움이 된다고 한다. 어떤 건강 문제이든지 스킨십은 마음을 긍정적으로 유지하도록 이끌어주고 질병의 회복을 촉진한다. 또 공포나 불안, 두려움을 유발하는 요인을 우리 몸에서 몰아내게 해준다.

스킨십 중 가장 효과가 강력한 것은 바로 마사지이다. 마사지는 효과적인 건강관리 프로그램에서 빠지지 않는 항목이다. 고대의 인도, 그리스, 이집트에서도 다양한 마사지법을 이용해 환자를 치료하였다. 마사지의 효과는 현대에도 이어져 우리 선조들뿐이 아니라 우리도 혜택을 보고 있다. 마사지는 개인이 자기 자신을 가치 있는 사람으로 인정하게 하는 엄청난 힘이 된다.

우리는 몸을 통해 세상과 연결되어 있다. 그런데 자신의 몸을 있는 그대로 사랑하는 사람은 많지 않다. 하지만 마사지를 하면 상실된 자존감을 회복할 수 있다. 물론 처음에는 자신의 신체를 있는 그대로 받아들여야 하는 경우가 많다. 처음 마사지를 받을 때는 타인에게 자신의 신체를 '평가당한다'는 인식이 있어서 거북하거나 부끄러울 수 있다. 하지만 이러한 부끄러움을 이겨낸다면 마사지가 선사하는 진정한 평온함을 알게 된다.

마사지의 긍정적인 측면은 매우 많다. 몸의 긴장을 풀어주고, 스트레스를 줄여주며, 신체가 어떻게 휴식을 취하게 되는지를 알게 해준다. 몸의 근육이 긴장이 아닌 편안한 휴식에 반응하도록 가르쳐주는 훌륭한 안내자 역할을 하는 것이다. 그리고 혈액순환을 도와 우리 몸에 쌓인 독소가 빠른 시간 안에 빠져나가게 하는 효과도 있다. 그러므로 올바른 방법으로 마사지는 것은 행복한 기분을 느끼게 만드는 일등공신이라고 할 수 있다. 마사지는 긍정적인 촉각 자극을 주는 가장 효과적인 방법이며, 피부굶주림을 해소하는 가장 빠른 방법이다.

마사지는 그 자체로도 감각적인 경험이다. 잠재되어 있던 불안이나 억눌린 감정을 완화시키며, 좋았던 추억을 상기시키거나 좋은 기억을 만들어 낼 수도 있다. 또한 마사지는 올바른 훈육법을 학습하고 싶은 이들에게 메시지를 주기도 한다. 병사들이 큰 잘못을 저질렀을 때나 크게 흥분했을 때, 그들의 마음을 진정시키는데 마사지만큼 좋은 것은 없다. 병사들의 마음속 이야기를 듣고자 한다면, 뜨거운 머리를 잠시 식히기 위해서라도 병사들에게 간단한 마사지를 해주는 것이 좋다.

이에 대한 필자의 간단한 경험을 이야기해주자면, 필자는 병영 갈등이 식별되었을 때 가해자와 피해자를 앉혀 놓고 서로 일주일 동안 하루에 15분만 상대방의 손을 마사지하게 했다. 그 결과 두 사람 사이에 생겼던 갈등이 눈 녹듯이 사라지는 걸 볼 수 있었다.

이처럼 스킨십은 서로를 치유하는데 효과적인 방법이다.

세 번째 이야기

군의
구성원들을
움직이게 하는
'동기'에
대해서

현재 우리 군의 구성원들은 스트레스와 심리적인 압박에서 자유롭지 못하다. 그러다 보니 군의 구성원 중 일부는 구타 및 가혹 행위, 폭언·욕설, 그리고 권력남용 등 책임질 수 없는 행동들을 하기도 한다. 일부 인원에게는 내무생활 내부의 폭력이 일상일 수도 있으며, 어떠한 부대는 지휘관의 권력남용 등으로 몸살을 앓고 있을 수 있다. 가장 큰 문제는, 이들의 무책임한 행동 때문에 인접한 전우들이 고통을 받는다는데 있다. 이들은 자기 삶의 긴장과 스트레스에 적절히 대응하지 못하여 그들의 긴장을 고스란히 전우에게 전가한다. 때문에 이들의 전우는 자신들이 이겨내야 하는 스트레스에 더해 이들의 스트레스까지 짊어져야 하는 경우가 있다.

군이라는 집단에서 스트레스를 극복하는 방법은 군을 구성하는 구성원 모두에게 주요 관심사이다. 각개 병사들은 스트레스를 이겨내야 하며, 그들을 통제하는 지휘관은 병사들의 스트레스를 줄이고 나아가 그것을 통제할 수 있는 방법을 구상해야 하기 때문이다. 때문에 지휘관들은 규율과 질서를 원하게 되고, 그 규율과 질서를 구성원 모두가 따르면 구성원들의 스트레스가 줄어들고 그들의 행동을 통제할 수 있을 것이라고 기대한다.

앞서 표현한 '통제'라는 것은 많은 지휘관이 문제에 직면하였을 때 가장 손쉽게 떠올릴 수 있는 해결책이다. 보상을 약속하거나 처벌로 위협을 한다면 그들이 더 나은 행동(지휘관이 원하는)을 할 것이라는 기대는, 어찌 보면 매우 그럴듯하고 집단을 일정 목표로 이끌어야 하는 리더인 지휘관에게는 구미가 당기는 제안이 아닐 수 없다. 하지만 곰곰이 생각해보면 '통제'를 하거나 '강화'한다고 해도 문제의 근원을 해결할 수 있는 것은 아니다. 보상과 처벌이 병사들에게 동기를 부여할 수는 있지만 책임감을 키워줄 수는 없다. 때문에 보상과 처벌을 통한 권위는 문제를 해결하는 정답과는 거리가 멀다.

지휘관으로서 좀 더 부대의 문제 해결에 집중하고 싶다면 스스로에게 질문을 던지는 것을 추천한다. '왜 갑자기 김 일병이 나에게 짜증을 낸 걸까?', '왜 류 상병은 동기생에게 욕을 한 것일까?'처럼 말이다. 그렇게 질문하면 병사들이 왜 폭언과 욕설을 하는지, 왜 가혹 행위를 하는지 발견할 수 있을 것이다.

이번 장에서 필자가 독자들에게 궁극적으로 하고자 하는 이야기는 '동기'이다.

인간에게 있어 자율적인 행동과 통제된 행동은 어떤 차이점이 있을까? 우선 자율성이란 자신을 스스로 통제할 수 있다는 것을 뜻한다. 자율적인 사람은 자유롭고 자발적으로 행동한다. 자율적인 사람의 행동은 전적으로 자신의 의지에 따른 것이고, 흥미를 느낀 것에 열성을 바친다. 때문에 자율적인 사람은 진실하다. 하지만 통제된 사람들은 개인의 의사와는 관계없이 행동한다. 그것은 자아의 표현이 아니라 통제의 결과일 뿐이다. 이런 상황에서 개개인의 인격과 자아는 무시되게 된다. 자율성과 진실, 그리고 통제와 소외는 조직 전반에 영향을 끼치며, 또한 개인에게도 큰 영향을 끼치게 된다.

자의가 아닌 타의로 통제된 행동은 두 가지 유형이 있다. 첫째는 순종이다. 권위에 바탕을 둔 문제의 해결책이 바로 이런 순종이다. 순종은 복종과 처벌을 통하여 타인이 시키는 대로 행동하는 것이다. 군에서 주로 상급자에 대한 충성을 이야기할 때 나오는 것으로, 찰스 라이히가 말한 '익명의 권위'와 같은 맥락이다. 둘째는 저항이다. 저항이란 누군가가 어떤 행동을 기대한다는 바로 그 이유 때문에 누군가가 기대하는 것과는 정반대로 행동하는 것이다. 순종과 저항은 통제에 대한 반응으로, 짝을 이뤄 나타난다. 순종만 존재하는 것도, 저항만이 존재하는 것도 아니다. 집단을 보더라도 순종과 저항은 함께 공존하며, 이는 개인의 심리상태에서도 나타난다. 상황에 순종하는 사람이든, 권위에 저항하는 사람이든, 누구에게나 지배적인 모습과는 반대되는 성향을 함께 지니고 있는 것이다. 겉으로는 지휘관의 지시에 순종적인 병사가 야간에 국방 헬프콜에 전화하여 내부고발자(Whistle-blower)가 될 수도 있는 것이다.

통제를 바탕으로 하는 우리 시대의 군 권위는 기대했던 것만큼 순응을 이끌어냈으나, 빛과 그림자처럼 한편으로는 반항 또한 이끌어냈다. 하지만 정작 중요한 것은 순종의 대가로 나타나는 광범위한 소외 현상이다. 이는 본격적인 이야기가 시작되면 더욱 자세히 다루도록 하겠다.

군의 구성원은 누구나 상하 관계 속에 둘러싸여 있다. 때문에 군대 내에서는 대부분 갑과 을의 관계가 성립하게 된다. 중대장과 소대장, 사단장과 분대장 등이 그렇다. 이 관계에서 한쪽, 즉 중대장과 사단장은 휘하에 있는 이들을 사회화하는 존재라고 할 수 있다. 즉 타인에게 동기를 부여하고 책임을 지우는 것이 이들이 하는 일이다. 말하자면 그들을 사회의 일원으로 키우고 사회가 원하는 가치와 관습을 가르치는 것이다. 우리가 지금부터 이야기할 자율과 통제, 그리고 진실성과 소외라는 개념에서 이러한 관계가 매우 중요하다고 할 수 있다.

군에서 상급자는 대부분 하급자에게 조언하고 명령하는 위치에 선다. 그렇지만 역지사지로 생각하면, 대부분의 상급자들에게도 상급자가 있다. 그들 역시 조언과 명령을 받기도 한다는 것이다. 대대장도 대대에서는 무소불위의 권력을 가지고 있지만, 사단장에게는 한 명의 대대장일 뿐이다. 이처럼 타인의 권위 아래서 그들이 원하는 대로 다양한 역할을 맡아 해내면서도 자신의 의지를 관철하기 위하여 노력하는 과정은 누구에게나 있는 성장의 과정이다.

겉으로는 친밀하고 위아래 없이 지낸다 할지라도, 군이라는 구조 속에 있는 이상 자율과 통제에 대한 고민은 있을 수밖에 없다. 문제는 이러한 관계 속에서 스스로 자율성을 확보하려 할 뿐만 아니라 타인의 자율성 확보 또한 도와주어야 한다는 것이다. 내가 자유로우면서도 타인 역시 자유롭도록 무게중심을 찾게 하려면 서로의 양보가 필요하다.

군이라는 조직에서 개인이 자율적이고 진실하려면, 상급자와 하급자의 상하관계를 모두가 이해해야 한다. 다시 말해 그 관계를 뛰어넘어야 한다. 이러한 관계를 살펴보면 상급자가 하급자에게 어떠한 방식으로 동기를 부여하는지 쉽게 알 수 있다. 또한 하급사가 삶의 활력을 지키고 키워나가기 위해서는 무엇을 해야 하는지, 그 방법도 지도해야 한다. 이러한 상급자 아래에 있는 하급자는 자신을 노예라고 생각하지 않고, 주인 의식을 가지고 생활한다. 때문에 하급자에게 동기를 부여하고 자율성과 책임감을 가지게 만들고자 한다면, 이러한 문제에 대해 관심을 가져야 한다.

우리가 이번 이야기를 통해 같이 고민해야 할 바는 명확하다. '동기'라는 측면에서 개인의 행동에 대해 이야기할 것이며, 자율성과 책임감 사이에서 어떠한 관련이 있는지 생각해볼 것이고, 도태에 의한 소외 현상과 개인의 분신화가 빈번하게 일어나는 내무생활, 그리고 무엇보다 서로에 대한 책임감이 중요하다는 것을 강조할 것이다. 물론 그러한 책임감을 병사들에게 강요하기 위해서는 지휘관이 자신을 효과적으로 관리하고, 부대 내의 부정적인 인간관계를 정리하며, 부대 내 시스템들을 정비하는 것 역시 동시에 진행되어야 할 것이다. 그러기 위해서는 현재 우리 군 내무생활의 잘못된 점을 같이 생각해보아야 한다.

예를 들어 병사들 개인의 자아와 가치관을 침해하는 지휘관의 과도한 지휘, 병사들을 물건으로 생각하고 결과만이 최고의 가치관이라고 생각하는 결과만능주의, 그 사이에 사라진(아니면 애초에 없었던) 공동체 의식 등을 어떠한 방식으로 대처해야 할지에 대해서 생각해봐야 할 것이다.

필자는 군에서 병사들이 자율과 진실성, 책임에 대해서 배워가면서 그들이 어떠한 방식으로 행동의 동기를 얻고, 그 과정에서 어떠한 긍정적인 측면이 있으며, 어떤 식으로 부정적인 측면을 배우는지 오랜 시간 관찰하고 독자적으로 연구했다.

이번 이야기에서 독자들은 필자와 함께 필자가 홀로 고민했던 병사들의 책임 있는 행동(혹은 부대에 대한 헌신)을 이끌어내는 방법에 대해 같이 생각해보았으면 좋겠다.

보상이 멈추면
행동도 멈추어 버리는 우리

보상과 병사들의 흥미의 상관관계

한때 모 부대에서는 종교행사를 활성화하라는 사단장의 지시로 종교행사를 5번 참석하면 포상을 하루 부여하는 포상 제도를 시행하였다. 그 결과 평소 40~50명의 병사가 종교행사에 참석하던 성당에 150명이 넘는 병사가 북적거렸다. 하지만 종교행사에 참석한 대부분의 병사는 잠을 자거나 출석체크만 하고 인근 편의점을 이용하는 등 부정적인 측면이 생겨 결국 포상 제도는 폐지되었다. 포상 제도가 폐지된 성당에는 포상 제도를 시행 이전의 절반도 안 되는 병사만 참석하게 되었다.

지휘관들이 병사들에게 일정한 행동을 강요할 때 가장 자주 애용하는 수단은 바로 포상이다. 그래서인지 대부분의 지휘관과 간부들은 병사들에게 포상을 통해 원하는 행동을 이끌어내는 전문가이다. 간부들이라면 누구나 포상을 통해 병사들을 통제해본 경험이 있을 것이다. 필자 역시 그러한 경험이 있었다. 그러한 경험을 반추해본다면, 보상이야말로 뛰어난 동기부여 기법이라는 생각이 들 때도 있다. 그리고 그러한 생각은 금방 확장되고, '포상이 저렇게 효과적이면, 어떠한 때라도, 어떤 병사에게라도 효과적일 것이다.'라는 결론을 얻은 간부 혹은 지휘관도 분명 있을 것이다. 군이라는 상대적 가치가 획일화된 사회에서, 원하는 행동을 했을 때 보상을 주면 그 행동이 반복될 확률은 당연히 높아진다. 그리고 이러한 현상을 관찰한 지휘관과 간부들에게 위와 같은 생각은 자연스러운 것이다.

하지만 병영 생활의 현실을 조금만 더 관심 있게 관찰하게 된다면, 이 방법이 큰 허점을 가지고 있다는 것을 금방 알게 된다. 앞서 예로든 상황에서 보듯 포상이 없어지는 순간 병사들은 흥미를 잃게 되는데, 문제는 보상 없이 자율적으로 행하던 때보다도 더 흥미를 잃게 된다는 것이다. 그렇다. 보상이란 어떠한 행동을 할 가능성을 높이는 것은 분명하지만, 그것은 보상이 약속될 때뿐이다. 보상이 없다면 가지고 있던 흥미마저도 잃어버릴 것이다.

진정으로 우리가 원하는 병사는 보상이 있고 없고를 떠나, 자신이 가지고 있는 재능을 목표에 헌신하는 병사이다. 당직사관이 총기 점호를 하지 않아도 총기를 알아서 수입하고 관물대를 정리하는 등의 행동을 한다면 그 병사는 최고의 병사이다. 하지만 애석하게도 우리 군은 이러한 병사를 몇 명 배출해내지 못했다. 그렇다면 우리 병사들을 위와 같은 병사로 변모시키기 위해서는 어떠한 과정이 있어야 할까? 원숭이를 통한 실험으로 유명한 심리학자 해리 할로의 흥미로운 실험 속에 우리의 질문에 대한 대답이 있을 수도 있다.

원숭이는 기발하고 장난기 넘치는 행동을 쉬지 않고 하는 활력

넘치는 동물이다. 나무를 넘어다니고 물건을 던지기도 한다. 그들에게 여는 방식이 다소 어려운 상자를 넣어주면 어떻게 상자가 열리는지 알아내고는 열고 잠그는 것을 반복한다. 이 행동에는 어떠한 보상도 없었지만, 원숭이들은 상자를 열고 닫는 행위를 반복하였다. 원숭이의 행동을 보면 누구나 쉽게 어린아이들의 행동을 연상할 수 있을 것이다. 아이들의 왕성한 활력은 원숭이들처럼 호기심에서 나온다. 아이들은 눈앞에 보이는 것은 무엇이든 잡아보고 입에 넣어본다. 아이들은 새로운 상황에 적응하고자 하는 심리상태로 가득 차 있다. 그들에게는 내면의 동기가 충만하다. 거의 모든 아이가 동일한 행동 양태를 보이는 것으로 보아, 모든 아이는 학습 의욕을 가지고 있는 것이 분명하다. 신기한 것은 어린아이들은 분명 열성적으로 세상의 모든 것에 호기심을 가지고 학습하는 반면, 중학생만 되더라도 학습 의욕이 눈에 띄게 떨어진다는 점이다. 흔히 우리가 기억하는 학창시절이 그러하듯, 공부는 죽기보다 싫고 보상 없이는 학습을 하지 않는 일이 벌어지는 것이다. 우리에게 그동안 무슨 일이 벌어졌던 것일까?

앞서 우리가 계속 이야기했던 포상이 있어야 움직이는 병사들, 보상이 있어야 학습을 하는 중학생을 이야기할 때 심리학자들은 주로 '행동주의 원칙'을 들어서 설명을 한다. 보상을 얻기 위해(혹은 성공하기 위해) 하기 싫은 일을 한다는 것이다. 여기서 말하는 '행동주의 원칙'은 앞서 이야기한 보상과 통제를 통해 병사들을 통제하는 대다수의 지휘관과 간부에게 공감을 받을 만한 이론일 것이다. 이 이론을 군에 적용하면 지휘관이 할 일은 예하 부대원들에게 무엇을 해야 하는가를 이야기해주고 신상필벌만 하면 된다!

'행동주의 원칙'이 우리에게 던지는 메시지는 앞서 설명했듯 이해하기 난난하다. 인간은 수동적인 존재이며, 보상을 받거나 통제를 피하기 위해서 행동한다는 것이다. 이 이론에서는 인간에게 타고난 학습 동기는 존재하지 않는다고 생각한다. 물론 이는 대부분의 사람, 특히 병사들에게 안성맞춤인 이론이다. 병사들은 군 생활을 하면서 마주치는 갖가지 상황에서 아무것도 하지 않거나 최소한의 행동만 하려 하기 때문이다. 병영 생활 임무 분담제(청소) 시간의 병사들을 보면 이는 100퍼센트 확실하다.

하지만 세상 그 자체에 호기심을 느끼는 아이들을 보면 이 이론은 맞지 않다. 아이들은 한없이 기다리다가 보상이 주어지면 행동하는 존재가 아니다. 그렇다면 아이들의 행동은 어떻게 설명할 수 있는 것일까?

우리가 원래 얻고자 하는 질문으로 잠시 돌아가 보도록 하자.

'병사들이 스스로 총기 수입도 하고, 청소도 하도록 동기를 부여하려면 어떻게 해야 할까?'

앞서 필자가 행동주의를 설명하고 그에 의문부호를 표기한 것에 대해서 동감한 독자 여러분이라면, 위의 질문 자체가 잘못되었음을 알 수 있을 것이다. 동기부여는 스스로 하는 것이 아니라 누군가 시켜서 하는 것이라는 생각이 깔려 있기 때문에, 위의 질문은 근본부터 틀렸다. 동기부여의 개념을 유용하게 적용하고자 한다면, '동기는 인간의 내면에서 발생한다.'라는 것을 이해해야 한다. 행동 그 자체가 즐거움이 되고 목적이 되어야 한다는 말이다. 만족과 즐거움을 얻기 위해 하는 여가활동 역시 내면의 동기가 강하게 적용되고 있다고 생각하면 된다.

그렇다면 어떠한 경험이 내면에 동기에 영향을 미치는 것일까? 이에 대해서 조금 더 생각해보도록 하자.

물질적 보상과 내면의 동기의 상호관계

앞서 필자는 지속적인 보상이 내면의 동기를 훼손한다고 주장했다. 하지만 이러한 필자의 주장에 반박하는 독자들이 많았을 것이라고 생각한다. 이분법적인 생각으로 보상의 부정적인 측면만 부각하고 보상의 순기능에 대해서 무시한 것은 아닌지 궁금해하는 독자들이 분명히 있었을 것이다. 필자 역시 그랬기 때문이다. 이에 대해서는 지금부터 독자들과 생각해보고자 한다.

사실 처음에는 필자 역시 보상이 부정적 효과를 가져오는지에 대해 확신을 가지고 있지 않았다. 정확히는 확신이라기보다는 의심을 가지고 있었다는 표현이 더 옳을 것이다. 필자는 내면의 동기와 물질적(혹은 외적) 보상은 더불어 상승하는 효과를 지닌 긍정적 관계라고 생각했다. 본인이 즐거워하는 일을 하는 사람들이 행복할 것이라는 생각을 했기 때문이다. 내적 호기심에 시작한 행동에 물질적 보상이 주어지면 그 행동을 더욱 부추길 수 있다고 필자는 믿었다. 그러던 중 의도치 않게 이러한 필자의 고민에 느낌표를 던지는 경험을 할 수 있었다.

추운 겨울, 축복받은 크리스마스이브의 저녁이었다. 충만한 아기

예수님의 은혜가 넘치는 그 날, 운이 너무나도 나쁘게도 당직근무의 신성한 임무를 부여받은 필자는 즐거운(?) 마음으로 대대지통실장의 임무를 수행하고 있었다. 크리스마스 다음날 음어해역조립(군 생활을 하지 않은 독자라면 퍼즐이라고 이해하면 된다) 대회가 예정되어 있어 지휘통제실에서 중대별로 2명씩 선수(?)들을 뽑아 연습을 시키고 있었다. 그러던 중 A 중대장이 들어와서 중대원 2명에게 "중대장은 너희가 우수한 성적을 받는 것도 좋지만 너희가 노력하는 것을 보고 싶다. 너희가 3시간 자습을 할 때마다 마일리지를 부여하겠다!"라는 말을 남기고 유유히 사라졌다. 필자는 A 중대장의 도량에 감탄했고, 인자한 중대장의 행동에 중대원 2명의 사기가 크게 올랐을 거라 생각하며 그들의 행동을 지켜보았다. 그런데 필자의 상식과는 다른 일이 일어났다. 더욱 의욕적으로 음어해역조립에 임할 것이라고 생각했던 중대원들은 A 중대장이 이야기한 3시간을 채우기 위해 연습장에 있을 뿐 빈둥빈둥 댔고, 나머지 인원들은 치열하게 집중해서 기존처럼 연습을 하였다. 신기하게도 내가 지켜보든 안 지켜보든 다른 중대원들은 평소와 다름없이 연습했고 A 중대장의 중대원들만 나의 눈치를 보기 시작하였다.

시간은 흘러서 다른 중대원들은 자신들의 판단 하에 연습을 마치고 복귀하였고, A 중대장의 중대원들은 중대장의 염원대로 타 중대원들보다 1시간 이상 오래 앉아서 시간을 때웠다. 결과적으로 A중대원들은 타 중대원들에 비해서 연습시간은 길게 가졌지만, 효율은 타 중대원들이 월등히 우세했다. 그리고 대망의 크리스마스 다음날, A 중대장의 중대원들은 음어해역조립 대회에서 당당하게 꼴등을 하였다.

앞서 언급한 여러 사례를 보면 알 수 있겠지만, 보상에는 분명 무엇으로도 대체할 수 없는 강력한 무엇인가가 있다. 아담이 선악과를 거부할 수 없듯이 우리의 병사들은 포상 앞에 강력(혹은 무력)해진다. 포상을 준다고 하면 어떤 행동이든 부추길 수 있다. 이렇듯 병사들에게 포상은 강력한 동기를 부여한다. 하지만 이를 조금만 더 자세히 들여다보면, 병사들이 강력한 동기를 얻기는 하나 그것은 동시에 병사들이 스스로 느끼고 행동해야 하는 내면의 동기 생산과정(전문적인 용어로는 '개인적 인과관계 추론'이라고 한다) 자체를 파괴한다. 보상의 부정적인 효과에 대해서는 추후에 따로 다루겠지만, 이것이 보상과 내면의 동기부여 간의 상관관계이다.

앞서 말한 일례와 같이 (음어해역조립이라는)특정 행동이 외부로부터 통제되는 행동으로 바뀌는데 가장 중요한 요건은 바로 보상이다. 포상이 있기 때문에 음어해역조립 연습을 계속하기는 했지만, 이 행동은 억지로 하는 도구적인 성격을 가지게 되었다. 우리가 여기서 주목할 측면은 보상이 결국 병사들 내면의 동기를 박탈함으로써 '감정으로부터의 소외 현상'을 불러일으켰다는 것이다.

결국 지금처럼 수많은 지휘관이 '보상이야말로 병사들에게 동기를 이끌어내는 최고의 방법'이라고 계속 생각한다면 병사들은 물질적 보상에 통제당하지 않을 수 없고, 이는 그들에게 내면의 자아와 접촉할 길을 잃어버리게 만드는 행위일 수밖에 없다.

누군가에게 '통제'라는 단어를 이야기하면 보통 부정적인 의미로 그 단어를 사용한다고 생각한다. 통제라는 단어에는 힘과 위협이라는 의미가 내제되어 있기 때문이다. 때문에 강력한 통제는 동시에 강력한 경멸을 불러일으킨다. 하지만 우리의 병사들을 지배하고 있는 보상에 대해서 생각해본다면, 병사들은 보상에 의해 통제되고 있다는 사실을 알 수 있다. 그와 동시에 지휘관을 비롯한 간부들 역시 보상에 의해 통제되고 있다는 사실을 알아야 한다.

병사들에게 자율성을 부여해보자

사람들이 문제 그 자체에 호기심을 가지는 것은 결국 그 문제를 해결하기 위한 것이다. 독자들도 여기까지 읽었다면 충분히 보상으로 통제되는 우리 군의 문제점에 대해 강한 호기심을 느꼈을 것이다. 그리고 상황을 타개하고자 하는 필자와 충분히 공감대를 형성하였다고 생각한다. 필자가 지금부터 하고자 하는 내용은, 바로 내면의 동기를 떨어트리고 올리는 원인에 대한 것이다.

여태까지 내면의 동기를 손상시키는 원인 중 하나인 보상에 대해서 이야기했지만, 내면의 동기를 파괴하는 가장 큰 원인 중 하나는 바로 '위협'을 통한 통제다. 잠시 위협에 대한 이야기를 해보도록 하자. 일반적으로, 사람들은 얻는 것보다 잃는 것에 더욱 민감하다. 때문에 보상과 위협 모두 내면의 동기를 손상시키기는 하지만, 위협이 인간 내면의 동기를 더욱 잔혹하게 손상시킨다. 군에서도 그러하겠지만, 많은 사회 조직에서 위협을 통한 통제가 유용하게 활용되고 있다. 하지만 여기서 중요한 것은, 사회를 유지하기 위해 위협이라는 통제 방식을 사용한다는 것이다. 결국 많은 이에게 벌을 주기 위해 위협하는 것이 아니고, 어디까지나 처벌을 회피하겠다는 동기를 사람들에게 부여하고자 하는 것이다. 예를 들어 "탈영을 한다면 징계를 한다."라는 말의 숨은 의도는 "탈영하지 않으면 징계하지 않겠다."라는 것이다.

이러한 위협은 보상과 동일한 방법으로 내재적 동기를 파괴하는데, 앞서 예시로 든 음어해역조립 연습 기간에 A 중대장이 "3시간 동안 연습을 하지 않으면 징계하겠다!"라고 이야기했다면 3시간 동안 A 중대 병사들을 붙잡아 놓을 수는 있었을 것이다. 하지만 중대원들의 하고자 하는 마음은 파괴된 상태이므로 좋은 결과를 얻기는 힘들었을 것이다. 물론 위협 이외에도 감시, 평가, 경쟁(경쟁은 논란의 소지가 있지만, 대체적으로 부정적인 효과를 가져오기 때문에 포함함) 등 내면의 동기를 훼손하는 요인들은 매우 많이 있다. 그리고 그러한 방법들은 모두 사람들을 압박하고 통제하기 위함이며, 이런 조건 속에서 대부분의 사람은 자율성이 훼손된다. 이런 상황이 반복된다면 통제된 행동에 대한 순수한 관심과 열정을 잃어버리고 만다.

그렇다면 내면의 동기를 높이는 요인은 무엇일까? 앞서 어떠한 행동을 하라고 압박하고 통제하였을 때 가치결정성이 낮아진다면? 어떻게 행동할 것인지 스스로 선택하게 한다면? 병사들의 내면에서는 어떠한 변화가 일어날까? 사소한 것일 수 있지만, 선택을 할 수 있다는 측면에서 똑같은 경험이라도 다르게 받아들일 것이다. 즉 내면의 동기를 부여하기 위한 핵심은 자율성과 통제의 관계이다. 똑같이 어떤 일을 해야 하는 상황이라도, 그것을 실행하는 과정에서 선택의 자율성이 보장된다면 집중도는 훨씬 높아질 것이고 내면의 동기 또한 함께 올라갈 것이다.

일부 독자들은 방금 필자가 이야기한 부분에 대해 거부감을 느낄지도 모른다. 필자의 경험으로 비추어 보더라도, 대다수의 지휘관과 산부는 "병사들은 너욱 통제받아야 하고, 무엇을 해야 할시 하나하나 지시해야 하며, 신상필벌을 해야 한다."라고 이야기하기 때문이다. 하지만 필자의 생각은 그와는 다르다. 한계를 설정하는 것은 물론 중요하지만, 통제와 훈련을 빙자한 의미 없는 반복행동을 유도하는 것은 옳지 않다. 많은 간부가 위와 같이 행동한다면 이는 병사들의 인권을 지나치게 낮아지게 하고, 예하의 초급 간부와 분대장에게 정당하지 않은 권력행사가 정당한 것처럼 비추어질 수도 있기 때문이다.

그러므로 우리는 더더욱 병사들에게 많은 선택권을 주어야 하고, 그를 위해서 병사들의 자율성을 향상시킬 수 있는 방법을 연구해야 한다. 물론 다양한 병사들의 생각과 이해관계, 그리고 바쁘게 돌아가는 부대 일정 속에서 병사들의 자율성까지 고려하는 건 쉬운 일이 아닐 수도 있다. 하지만 반대로 생각하면 병사들의 자율성을 고려하지 못할 이유 또한 없다.

병영 생활의 임무 분담제를 어떠한 방식으로 진행해야 할지, 식사 순서는 어떻게 정할 것인지, 체력단련 시 뜀걸음을 먼저 할 것인지 팔굽혀펴기를 먼저 할 것인지 등 병사들의 의견을 경청하고 그들의 의사 표현을 반영할 수 있는 일은 많다. 내무생활의 모든 것에 대한 의견을 수렴할 수는 없겠지만, 이처럼 일부의 일이라도 의견을 수렴한다면 자발성은 높아지고 병사들 개개인이 지닌 내면의 자아를 소외시키지 않을 수 있을 것이다. 자신에게 선택권이 있다는 것을 알게 된 병사들은 자신을 온전한 개인으로 인식하게 되고, 일방적으로 지시받는 병사보다 많은 일을 능동적으로 해결하는 주체가 될 것이다.

한계와 권한을 일깨워주자

지금껏 필자는 군에서 주로 병사들에게 동기를 부여하기 위해 사용된 보상, 위협, 감시, (논란은 있지만)경쟁에 대해서 이야기했다. 하지만 필자가 방임(放任)을 이야기하고자 한 것은 아니었다. 군의 구성원들이 업무가 싫다고 체력단련을 하거나 내무생활이 싫다고 연병장에서 텐트를 설치하고 자도록 할 수는 없는 일이기 때문이다. 필자의 이야기를 잘못 오해하는 독자들이 자율과 방임을 혼동할 수도 있을 것 같아 한계와 권한에 대한 이야기를 지금부터 하고자 한다.

병사들의 내면의 동기를 유발하기 위해서는 통제를 최대한 피하고 자율성을 부여해야 한다. 그러나 방임을 해서는 안 된다. 그렇다면 **'통제는 하지 않으면서 동시에 방임하지 않는 방법'**은 무엇일까? 더욱 구체적으로 표현하자면 **'자율성을 부여하면서도 동시에 자율성의 한계를 설정하는 방법'**은 무엇일까? 더더욱 자세하게 표현하면 **'군과 같이 상하관계가 확실한 폐쇄된 단일공간에서 상대적으로 낮은 위치에 있는 사람이 한계를 넘지 않으면서도 자율성을 느끼고 내면의 동기를 느끼도록 할 수 있는 방법'**은 무엇일까? 상급자로서 하급자가 조직 내에서 자율성을 느끼게 하려면, 하급자의 의견을 경청하고 그 의견이 조직을 바꾸고 있음을 알려주어야 한다. 자율성은 압박이 아닌 격려와 칭찬을 통하여 진작된다.

물론 억압과 통제보다 자율성을 부여하고 이를 북돋는 것이 훨씬 어렵고, 더 많은 노력을 필요로 한다.

생활관 내에서는 병사들이 지켜야 할 많은 수많은 통제가 존재한다. 분리수거를 해야 한다든지, 병영생활 임무 분담제를 실시해야 한다든지 지켜야 할 것이 너무나도 많이 있다. 병사들의 생활관을 둘러보면 가끔 쓰레기 정리가 안 되어 있다든가 청소시간에 청소를 하지 않는 등 통제(책임)를 따르지 않는 병사가 많이 있다는 것을 알 수 있다. 간부들은 병사들의 내무생활지도를 하면서 이러한 상황에 봉착했을 경우 보통 보상과 통제를 통해 병사들에게 책임과 한계를 인지시키려 노력한다. 하지만 이 방법은 앞서도 이야기했지만 병사들의 내면에 있는 동기를 상하게 하고, 자신들의 내면의 목소리에 귀를 기울이지 않게 만든다.

그래서 나는 간부들에게 자율성을 북돋는 방식의 지도 방법을 추천하고 싶다. 통제하는 언어를 최대한 삼가며 선택의 여지를 남기는 방식으로 지도를 하는 것이다. 예를 들어 "쓰레기를 그때그때 처리하지 않으면 물론 편하겠지만, 우리가 생활하는 공간이 더러워지니까 우리를 위해서 생활관을 정리해야 하지 않을까?"라는 방식의 언어를 사용하는 것이다. 이러한 방식의 언어는 병사들로 하여금 내면의 동기를 크게 느끼게 함은 물론, 간부가 자신들을 이해해준다고 느낀 병사들은 통제를 당할 때보다 내무생활에 만족할 것이다. 대다수의 병사가 힘들고 어렵고 외롭게 느끼는 군 생활이 관점의 전환을 통해 다양한 상황에서 즐거운 경험을 할 수 있는 체험의 공간으로 변모할 수 있는 것이다.

병사들에게 한계를 알려주되 그 안에서 자율성을 보장하면 책임감을 크게 높일 수 있다. 병사들이 자율성을 느끼게 되면 한계를 정해준 대상(간부)에게 눈높이를 맞춤은 물론이고, 그 대상에게 수동적으로 통제당하는 존재가 아니라 자신이 상황을 주도할 능력이 있는 존재임을 깨닫게 할 수 있다. 그러한 경험을 통하여 그들이 책임감 있는 사회의 일원이 될 수 있도록 훈육할 수 있을 것이다.

내적 동기와 외적 동기의 비교

지금 현재 대한민국 병사들에게 보기 쉽지 않은 모습이 있다면 활력과 헌신, 그리고 몰입(Flow)이다. 이러한 모습은 외적 동기가 아닌 내적 동기를 통해 행동으로 옮겼을 때 볼 수 있다. 이렇게 내적 동기를 통해 행동으로 옮기는 경험이 연속되게 되면 삶이 한 차원 높아지고 즐거워진다. 자기 자신을 좀 더 잘 이해하고, 있는 그대로의 자신을 인정하는 동시에, 타인에 대한 이해심도 가지게 된다. 상급자의 통제에만 따르는 인원과는 질적으로 다른 경험을 가지게 되는 것이다.

필자가 여러 방향으로 주장하였듯, 우리 대한민국의 미래인 병사들에게 내면의 동기부여를 경험하는 것은 그 자체만으로 병사 개인이나 국가적으로도 충분히 가치가 있다고 생각한다. 생활관 동기들과 허심탄회하게 대화를 나누며 연병장을 걸어보고, 꽃 냄새를 맡고 감상에 젖어도 보고, 행군하면서 정상에 올라 전우들과 희열을 느끼는 모든 순간이 내제적인 동기를 통해 이루어진다면 매우 가치 있는 경험이 될 것이다. 그리고 군에서 전역한 이후의 삶도 더욱 가치 있을 것이라고 생각한다.

하지만 이상적인 모습에서 지금의 현실을 들여다본다면, 환경적으로 이러한 경험을 하는 것이 쉽지 않다는 것을 알 수 있다. 자본주의 사회의 '물질만능주의' 속에서 물질적 이득이 아닌 이성적 깨달음을 추구하는 것을 많은 이가 긍정적으로 생각하지 않기 때문이다. 이성적 경험은 비용과 효용 모든 것이 손익계산의 범주 바깥에서 이해되고 평가되게 된다. 때문에 '도구적 이성'이 지배하는 현대사회에서 (물질적인)손익계산을 할 수 없는 이성적 경험은 추억이나 감성팔이 등으로 치부되기 마련이다. 예술품을 값나가는 물건 이상으로 보지 않는 사람들 앞에서 예술품이 주는 감동과 감성은 무의미해지며, 결국 지폐 이상의 가치를 가지지 못하는 것과 마찬가지이다.

그럼에도 불구하고 내적 동기부여는 중요하다. 내면의 동기부여가 외적 동기부여보다 가치 있고, 나아가 그 자체만으로도 가치 있다. 심리학자인 라이언과 웬디 그롤닉은 학습 관련 연구를 진행하였는데, 학생들을 두 집단으로 나누고 각각 두 문단씩 읽게 했다. 그때 한 집단에게는 시험을 볼 것이라고 고지 후 문단을 읽게 했고, 다른 집단에게는 아무런 이야기 없이 문단을 읽도록 했다. 학생들이 문단을 읽고 30분 후에 시험을 치렀을 때, 시험을 볼 것이라는 사실을 알려준 학생들이 점수가 더 높았다. 하지만 일주일이 지난 뒤 다시 해당 문단에 대한 시험을 보았을 때 시험을 볼 것이라고 알려준 학생 집단의 점수가 오히려 더 낮게 나오는 현상을 볼 수 있었다. 이 실험을 통해 위협과 보상을 통해서 통제된 행동의 지속력은 매우 낮다는 사실을 알 수가 있었다. 이는 대학생이건 초등학생이건 시험이라는 위협을 통한 학습전략이 학습에 크게 도움이 되지 않는다는 것을 보여준다. 대한민국과 일본, 중국 등 동아시아 국가에서 흔히 학교에서 경험한 통제와 압박이 고도의 경제성장을 이끄는 힘의 근원이라고 말하는 것에 대한 경종을 울리는 실험이었다.

내적인 동기부여가 되지 않고 외적 보상만을 위해 움직이는 조직에 속한 구성원은 문제 해결 능력이 뒤떨어진다. 지금까지 군에서는 보상과 통제가 군의 전투력을 높이는 것이라 판단했고, 그를 증명하듯 업무의 속도가 높아지는 경우도 있었을 것이다. 하지만 이는 과거의 군처럼 문제가 단순하거나 성과에 따라 보상이 주어질 때만 그렇다. 점차 다양해지고 각개 전투원의 전투력이 점점 향상되는 현대전에서, 통제된 동기부여 전략은 부대의 전투력을 급감시키는 원인이 될 것이 분명하다. 보상과 통제를 통해 성과를 올린다 하더라도 부대원 개개인에게는 부정적인 영향을 미칠 수 있기 때문이다.

이러한 상황이 계속된다면 결국 구성원 중 대부분은 보상을 받는 일만 하려 하고 보상이 없는 일은 철저히 외면하게 될 것이다. 무엇을 하더라도 보상으로는 마음에서 우러나오는 헌신을 끌어낼 수가 없다.

영리한 통제 방법을 구상하자

필자는 지금까지 외적 보상을 동원한 통제는 내면의 동기와 자발성을 훼손한다고 이야기했다. 하지만 때로는 통제를 해서라도 즉각적인 동기를 이끌어내야 할 때가 있다. 패튼 장군은 "군인의 가장 영예로운 죽음은 마지막 전투에서 마지막 총알을 맞고 죽는 것이다."라고 하였다. 결국 군인은 희생을 해야 하는 직업이고, 군이 궁극적으로 존재하는 목적인 '유사시'가 도래했을 때는 필자의 이야기를 무시해야 할 정도의 가치를 달성하기 위해 부하들을 강력한 통제하고 운용해야 할 필요가 분명히 있을 것이다. 하지만 그렇게 결심하는 동시에 현실적인 결과를 받아들여야 한다.

원활한 통제를 위하여 한 번 보상이라는 방법을 사용하였다면, 이전과 같은 상태로 돌아가기 어렵다는 생각을 해야 한다. 그리고 보상을 주는 동안에는 행동을 지속할 수 있지만, 보상을 주지 않으면 행동의 지속력이 눈에 띄게 낮아질 것이라는 걸 알아야 한다. 결국 보상을 통해 행동을 통제하기 시작하면, 통제 대상은 보상을 더 빨리, 더 쉽게 얻는 방법을 찾을 수밖에 없다. 그 빠르고 쉬운 길이 우리가 권장하고 싶은 방향이 아님은 당연하다. 포상을 받기 위해 음어해역 실력 향상보다는 시간을 때우는데 급급했던 병사들의 이야기를 떠올려보면 쉽게 이해할 수 있다.

이러한 현실적인 결과를 병사들을 지도하고 훈육하는 간부라면 잘 알아야 한다. 병사들이 행동하는 것 자체로 충분히 흥미를 느끼는 활동에 동기를 부여하고자 보상을 주는 것은 판도라의 상자를 여는 것이나 다름없다. 때문에 병사들을 보상으로 통제를 하고

자 한다면, 그 행동이 병사들이 흥미를 느끼지 않는 행동이거나 그 행동의 가치가 상당해야 한다. 만일 병사들의 행동을 바꾸어야 하는데 보상을 통해 행동을 바꾸기에는 부담스럽다면, 간부들의 솔선수범 혹은 진솔한 대화 등을 통해 병사들의 행동을 바꾸어야 한다. 보상이라는 달콤한 열매를 통한 통제가 문제를 해결하는 가장 간단한 방법이라고 생각할 수도 있지만, 이는 시간이 지날수록 문제를 어렵게 만드는 방법이라는 것을 잘 알아야 한다.

군 역시 하나의 조직이기 때문에 반드시 도전적인 상황에 직면하게 된다. 부대원의 능력으로는 극복할 수 없을 것 같은 목표를 달성해야 할 때도 있으며, 아비규환이 된 부대를 하나로 만들어야 할 때도 있을 것이다. 이런 경우 필요한 것은 보상을 통한 통제가 아니라 문제의 근본에 대한 깊은 성찰과 문제 해결에 적절한 시간을 부여하고 중간과정을 주의 깊게 관찰할 수 있는 구성원의 인내력과 관찰력이다. 하지만 정작 조직에 대한 헌신과 열정을 끌어내는데 보상이라는 도구를 꺼내기 급급할 때가 많이 있다. 물론 군의 구성원 역시 무한한 이기체인 인간이므로, 보상의 순기능을 무시할 수는 없다. 하지만 보상은 잘된 일에 대한 인정이나 감사의 표시 정도로 부여되어야 한다.

보상을 부여하면서 가장 유의해야 할 점은 공평성이다. 사람들은 보상이 기여에 상응하기를 바란다. 즉 보상이 공평하길 바란다. 조직에 큰 기여를 한 사람이 더 많이 보상받는 것이 공평한 것이다. 이를 잘못 받아들인다면 더 많이 일하고 더 크게 기여하라는 통제적인 동기부여로 받아들일 수도 있다. 보상을 부여할 때는 동기부여 전략을 사용할 때가 아니라는 것을 분명히 하고, 업무환경의 한 가지 요소로 받아들일 수 있도록 하여야 한다. 그렇게 한다면 보상의 부정석 요소는 줄어들 것이다.

통제와 자율성이라는 선택지

길지 않은 군 생활 동안 여러 지휘관이 만들어 놓은 많은 부대를 보았다. 지휘관들의 성향 차이가 부대를 변화시키면서 휘하 병사들의 행동 또한 변모시킨다는 것을 알 수 있었다. 한 명의 지휘관이 그렇게 많은 것을 바꿀 수 있을까 나도 의문을 가지고 있었지만, 시간이 지남에 따라 군에서 지휘관의 영향력은 부인할 수 없다는 사실만 확인할 수 있었다.

화창한 봄의 어느 날, 전술훈련의 통제관으로 파견되어 타 부대의 전술훈련 평가를 위해 방문했을 때였다. 중대장이 버선발로 뛰어와서 통제관인 우리를 반갑게 맞아주었다. 평가시간이 다소 남아 있어서 홀로 떨어져 나와 중대원들을 한번 둘러보았다. 대부분의 중대원은 삼삼오오 모여서 이야기를 나누고 있었는데, 통제관인 나를 보고도 경례를 하고 자신들의 위치로 돌아가는 인원은 별로 없었다. 대부분은 나와 눈을 마주쳐도 모른척하며 신경도 쓰지 않았다. 그 대원들에게 훈련은 더 이상 즐거운 일이 아니었다. 훈련을 열심히 한다고 해서 보상을 받는 것도, 열심히 하지 않는다고 해서 징계를 받는 것도 아니었기 때문이다. 병사들과 대화를 해보니 중대장을 비롯한 간부들이 통제와 협박을 통해 중대원을 통솔하다 보니 짜증이 난다는 말을 들을 수 있었다. 그들에게 중대장과 간부들의 폭풍은 피할 수 없는 위협이었고, 병사들은 계속되는 통제 속에서 탈출하는 것만을 바랄 뿐이었다.

군이 아닌 사회였다면 위의 사례 속에 등장하는 병사들과 같은 조직원을 계속 고용하고 있을 조직은 아마도 없을 것이다. 하지만 대한민국 국군에서 병사들은 성과가 있어도, 없어도 존재하는 이들이므로 깨어 있는 지휘관의 역할이 무엇보다 중요하다. 사실 징병제라는 제도는 병사들의 동기부여라는 측면에서 봤을 때 극도로 비효율적인 것이 사실이다. 행동과 결과를 의미 있게 연결하는 연결고리를 만들기 어려우니 병사들의 행위에 동기를 부여하기가 매우 어려운 것이다. 정상적인 방법으로 동기를 부여하기 위해서는 행동과 그 행동으로 나타날 결과 사이에 인과관계가 있어야 한다. 어떠한 행동을 했을 때 원하는 결과가 나타날지 확신할 수 없기 때문에 병사들이 동기를 부여받지 못하는 경우가 많다. 우리가 지도하는 대부분의 병사가 이러한 환경 속에서 군 생활을 하고 있다고 생각하면 편하다. 병사들은 생산적인 행동이 의미 있는 결과(내면의 만족감 혹은 외적 보상)를 이끌어낼 것이라는 기대를 하지 못하기 때문에 생산적인 활동을 하지 않는 것이다.

우리나라를 비롯한 여러 나라가 채택하고 있는 자본주의 경제체제에서는 사적소유와 자율경쟁(혹은 수요와 공급)이라는 요소를 통해 그 연관 관계를 개인이 알 수 있도록 하는데, 이때 주요한 것이 바로 효율성이라는 요소이다. 자본주의 사회에서는 외적 보상이라는 요소를 사용하여 인간을 더욱 효율적으로 움직인다. 자본주의 사회에서는 행동과 그에 따르는 외적 보상이 사회를 유지하게 하는 기본이며, 그 약속은 사회구성원 사이에서 암묵적으로 통용되게 마련이다. 때문에 외적인 보상을 통해 사람들을 이용할 수 있게 되있는네, 자연스럽게 경제력을 가진 사람들이 노동력을 이용하는데 용이한 사회구조가 만들어지게 되었다. 이러한 사회구조에서 구성원들은 적절한 행동과 결과 사이의 관계에 굉장히 민감하다. 이는 대한민국 군의 주요 구성원인 병사들에게도 동일하게 적용되는 사실이다. 그리고 앞서 설명하였듯이 이러한 통제는 심각한 부작용을 낳게 된다. 하지만 이를 알게 된다 하더라도 통제에 대한 적정선을 찾지 못하면 이전의 중앙계획 경제체제가 큰 실패를 거두었듯이 군 또한 큰 실패를 겪을 수 있음을 알아야 한다. 통제에 대한 비효율적 접근방식과 조직 내부의 강압적인 분위기가 합쳐지게 된다면 조직원들은 무기력해지고, 결국 부대 전체가 목표를 잃고 방황하게 될 수도 있다.

때문에 군의 리더인 지휘관들은 이점을 잘 알고 있어야 한다. 조직과 개인이 동기를 부여하려면 자율성을 키워주는 방식과 통제를 가하는 방식이라는 두 가지 선택지가 있다는 것을 이해할 때, 비로소 통제보다는 자율성을 독려하는 방식으로 조직을 이끌어갈 수 있기 때문이다. 통제보다는 자율성을 보장하는 방향으로 군 문화를 만들어가야 강압적인 병영 문화가 개선되고, 병사들의 미래가 변화하며, 나아가 대한민국 사회의 체질이 개선될 것이다.

소외된 이들에게 자신감을 부여하자

군의 구성원들은 대부분 군 생활을 지속하면서 상급자에게 인정을 받고, 성취감을 느끼고, 부대의 주체가 되어간다는 의식을 가지게 된다. 많은 이가 이러한 내재적 동기를 군에서 배우게 된다. 하지만 어느 집단에서나 그러하듯이 군에서 역시 배척 관계의 희생양이 되는 인원이 존재한다. 이들은 행동과 결과의 연관 관계에 접근할 기회를 가지기 어려운 인원이라고 이야기할 수 있다. 때문에 그들은 점점 더 무엇인가를 하고자 하는 동기를 얻지 못하고, 자신의 행동을 촉진할 수 있는 요소를 누군가의 도움이 없이는 찾지 못하게 된다. 대한민국 학원 문화의 오랜 악습인 왕따 문제를 몸으로 체험한 군의 구성원들이기에, 이는 심각한 문제라고 이야기할 수 있다.

어느 부대를 가든지 이러한 배척관계의 소용돌이 속에서 피해를 받고 있는 인원을 손쉽게 찾아볼 수 있다. 이들은 군에서 특정 행위를 아무리 열심히 해도 행동과 결과가 맞물리지 못하는 것을 느끼고, 결국에는 보이지 않는 폭력에 시달리며 희망 없이 하루하루를 이어가게 된다. 이들은 원하는 결과를 얻기 위해서 어떤 행위를 해야 하는지 알지만, 결국은 그 결과를 얻지 못한다고 생각하기 때문에 생산적인 군의 구성원이 되지 못하는 것이다.

이러한 구성원들에게는 자신감을 심어주는 것이 무엇보다 중요하다. 행동과 결과의 연관 관계가 대단히 중요하기는 하지만, 그 연관 관계가 동기부여라는 효과를 가져오기 위해서는 자신의 행동이 적절하다는 자신감이 필요하기 때문이다. 자신감은 외적 동기부여와 내면의 동기부여에 모두 중요한 요소이다. 포상을 따고자 하는 외적 결과를 위해 움직일 때도, 인간관계의 성공이나 즐거움 혹은 개인적 성취감 등의 내적 결과를 목표로 할 때도 목표를 달성하기 위한 행동을 해낼 수 있다는 자신감이 필수이다.

　보통 상급자늘이 정하는 목표를 뛰어넘는 성과를 보일 때 외적 결과와 내면적 결과가 따라온다고 볼 수 있다. 특히 목표의 성취를 통한 만족감과 성취감(내면의 동기)을 느끼기 위해서는, 그 목표를 이룰 수 있다는 자신감이 있느냐 없느냐에 따라 만족감과 성취감을 크게 좌우된다. 그러므로 내면의 동기를 북돋기 위해서는 무엇보다 자신감이 필요하다. 자신의 재능에 대한 확신을 가지고, 그 자체로 만족감을 느낄 수 있는 일에 종사할 수 있다면, 일에 많은 시간과 노력을 투자할수록 더 큰 만족을 느낄 수 있다. 이를 대한민국의 미래인 병사들에게 느끼게 할 수 있다면 우리가 전투복을 입고 있는 사명 이상의 소임을 다하는 것일 것이다.

　인간은 본능적으로 주변 환경을 스스로 통제하고 극복하고 있다는 자신감을 느끼기를 갈망한다. 때문에 도전적이며 자신감을 느낄 수 있는 일에 종사하면서 삶의 의미를 느끼는 것이다. 이러한 측면에서 생각해보면, 어린아이가 호기심을 느끼고 학습하는 내면의 동기를 타고나는 것은 세상을 통제하고 도전하기 위한 자신감을 느끼고자 하기 때문이다. 이러한 욕구는 우리가 지도하는 병사들도 분명히 가지고 있다. 그러므로 병사들을 방치하여 마음 내키는 대로 군 생활을 흘러가게 하는 지도방식은 올바르지 않다고 할 수 있다. 간부들은 병사들이 스스로 자신의 행동을 성찰할 수 있도록 지도해야 하며, 이를 위해서 선배 간부들은 후배 간부들에게 솔선해서 모범을 보여야 한다. 그렇게 된다면 우리 병사들은 성취욕과 학습의욕을 바탕으로 간부들의 지도에 따라 성장할 수 있을 것이다.

자신감이란 스스로 판단하기에 적절한 도전이 있어야 내면에서 고개를 내민다. 여기서 우리 간부들이 병사들에게 부여해야 할 개념은 바로 '적절한 도전'이다. 너무 쉬운 도전이 아닌 합심하여 이룰 수 있는 '적절한 도전'을 부여해야 한다. 병사들이 의미 있는 도전을 받아들여 순간순간 그들의 재능을 발휘해 헌신할 수 있도록 해야 하는 것이다. 여기서 유의할 점은 '적절한 도전'을 부여하면서도 누군가는 패배하고 누군가는 승리하는 '승부가 걸린 도전'을 부여하면 안 된다는 것이다. 만일 상황이 그러하더라도, 간부들은 병사들이 패배감을 인지하지 않도록 노력해야 한다. 도전에 맞설 기회, 나와 우리를 시험하고 더 나은 우리를 만들어야 하는 '도전'이라는 가치는, 승자와 패자가 나뉘고 거기에 보상이 따르는 체제 속에서는 그 과정을 구성원들이 온전히 즐길 수 없도록 만들기 때문이다.

자신감과 자율성

앞서도 설명하였듯이 자신감은 동기부여에 무엇보다 중요한 요소이다. 하지만 자신감을 가진 이의 행동을 끌어내기 위해서는 자율성이라는 요소가 반드시 가미되어야 한다. 자율성을 경험하지 못한 이들에게 자신감은 효용성이 없기 때문이다. 자신을 둘러싼 환경 속에서 자신의 능력에 신뢰를 가지고, 자율성을 바탕으로 행동을 선택할 수 있을 때 사람은 행복하다고 느끼게 된다. 여기서 중요한 점은, 자신감을 느끼는 것만으로는 충분하지 않다는 점이다. 자신의 능력을 믿고 행동할 수 있다 하더라도, 그 행동을 자신이 선택했다는 생각을 가지지 못한다면 내면의 동기는 물론이고 행복하다는 느낌도 들지 않는다. 오히려 그러한 상태가 지속되면 결국에는 자신감도 자율성도 잃게 되어 우울함을 느끼게 되고 불행해지게 된다.

자율성이란 자신을 행동을 결정하는 주체로 인식한다는 점에서 개인에게 성장과 건강의 원동력이 될 수 있다. 우리 군의 병사들에게 볼 수 있는 가장 큰 문제점이 여기에서 드러난다. 자신감과 능력을 가지고 있음에도 자율성이 보장이 되지 않기 때문에 간부 없이는 아무것도 하지 못한다. 때문에 군에서는 활용 가능성이 있을지 몰라도 군의 울타리 밖으로 나가면 삶의 주인공이 되는 방법을 모르기 때문에 광활한 세상에서 지도와 나침반 없이 방황하게 되는 것이다. 이러한 이들은 결국 유능한 꼭두각시가 되게 마련인데, 이러한 문제가 대한민국 군과 사회를 잠식하고 있기 때문에 대한민국 청소년들의 미래가 더욱 어두운 색으로 잠식되고 있는 것이다. 그렇다면 그 해결책은 무엇일까?

많은 경우 병사들의 자율성을 침해하는 것은 일정한 행동에 대한 간부들의 부정적인 피드백이다. 긍정적인 피드백이 자율성을 떨어뜨려 동기부여에 영향을 주지만, 부정적인 피드백은 긍정적인 피드백보다 더 큰 해를 개인에게 입힌다. 군에서 병사들은 간부들에게 자신들이 행한 행위에 대한 부정적인 피드백을 받게 되는 순간 자신감을 잃게 됨은 물론이고 통제당하는 느낌을 받게 되며, 내면의 동기도 잃게 된다.

하지만 이러한 부정적 피드백의 부정적인 결과에 집중하여 간부들이 병사들의 형편없는 행동을 방치해야 한다는 것은 아니다. 부정적 피드백 역시 긍정적 피드백과 같이 보상과 한계 설정, 그리고 때와 장소에 따라서, 그리고 어떻게 사용되느냐에 따라서 결과가 달라지기 때문이다. 필자는 이 책을 읽고 있는 독자들에게 부정적인 피드백을 아래와 같은 방식으로 사용할 것을 제안한다.

첫째, 행동의 문제점을 파악하면 그 즉시 문제를 지적하는 것이 중요하다.

둘째, 그들의 행동이 어떠한 결과를 일어나게 할 수 있는지, 왜 이러한 실수(혹은 행동)를 해서는 안 되는지에 대한 가르침을 주어야 한다.

셋째, 잘못을 한 개인을 공격해서는 안 되며, 잘못된 행동에 집중하여 피드백을 주어야 한다.

잘못된 행동을 한 병사는 자신이 잘못된 행동을 했다는 것을 잘 알고 있다. 그렇기 때문에 그들에게 좀 더 집중하고 주의를 기울이라는 질책은 소용이 없다. 병사들에게 자율성을 북돋아주고자 한다면 병사들의 관점에서 생각할 필요가 있다. 지휘관의 의도에 방향성을 맞추기 위해 지휘관의 입장에서 생각하듯이, 병사들의 생각을 알기 위해서는 그들의 눈높이에서 문제를 생각해봐야 한다.

간부로서, 지휘관으로서 병사들의 자율성을 북돋아주기 위해 그들과 함께 호흡하다가 필자가 깨달은 것이 있는데, 그것은 바로 병사들 개개인이 자신들의 성과와 그에 따른 위치를 대단히 명확하게 파악하고 있다는 것이다. 그들의 냉철한 판단은 내무생활이라는 징글을 들여다보기만 하는 간부들의 평가보다 훨씬 정확하다. 때문에 내무생활을 잘 모르는 간부들이 병사들을 통제하고 제어하려들면, 병사들은 자연스럽게 내무생활이라는 정글에 꼭꼭 숨는다. 혹은 자기보다 약한 자를 먹이로 던져주거나 고만고만한 동료들을 공격하기도 한다. 그도 아니면 자신을 방어하기 위해 변명을 하기도 한다. 어떠한 방향이더라도 생산적으로 문제를 해결하지 못하고, 문제의 본질을 흐리게 된다. 결국 성과를 내기 위한 준비단계에도 도달하지 못하게 되는 것이다.

조직(부대)이 최상의 성과를 내고 문제를 해결해 나가며 성장하기 위해서는 조직원 모두 내면의 동기를 가지고 있어야 한다. 어떻게 하면 원하는 목표를 이룰 수 있는지를 조직원들이 알고 있어야 한다는 뜻이다. 그러기 위해서는 조직원들이 행동과 결과의 연관관계를 이해하고, 개개인이 결과를 만들어 낼 수 있는 능력이 있음을 믿어야만 한다.

함께 일을 하는 사람들이 자율성을 가지고 일에 몰입할 수 있는 사람들이라면 일은 한층 더 쉬워질 것이다. 그리고 개개인이 자율성을 가지고 행동하는 조직 내에서 조직원들은 스스로 목표와 규범을 정하고, 자신의 성장을 되돌아보면서 소속된 조직의 목표에 이바지할 수 있을 것이다.

사회적 환경과 인간의 상관관계

통제가 없는 상황에서 능동적으로 발전적인 행동을 하는 병사를 찾는 것은 사막에서 바늘 찾기보다 더 힘들다. 간부들에 대한 두려움과 징계에 대한 부담감 때문에 억지로 임무를 수행하는 병사들이 대부분이며, 그중 몇 명은 지휘관에게 버릇없이 굴고 내무생활의 정해진 틀을 벗어나기도 한다. 왜 우리의 병사들은 이러한 행동을 보이는 것일까?

필자가 독자들과 함께 찾고자 하는 답의 질문이 바로 이것이다. 앞서 이야기했듯이 인간이라는 생물은 목표 달성을 위해 노력하는 본능을 가지고 있다. 그러나 통제라는 압박으로 인해 자신감을 잃게 되고 본능을 잃어버리게 된다. 여기서 이야기하는 통제 속에는 보상도 포함되어 있다. 결국 대부분의 인간은 수많은 통제 속에서 자신들이 원래 가지고 있는 재능을 만개하지 못하고 수동적인 기계의 모습으로 변모하고 마는 것이다. 그리고 이 모습은 현재 우리 군 대부분의 병사에게 완벽하게 적용된다.

하지만 대부분의 병사가 그렇다는 이야기일 뿐이다. 어떤 병사는 군 생활에 흥미를 느끼고, 군대 내에서도 성장과 배움의 기회를 찾기 위해 노력한다. 이처럼 개개인의 통합성과 능동성이 크게 차이가 나는 이유는 무엇일까? 필자가 여러 번 설명하였기에 똑똑한 대부분의 독자는 이미 알고 있겠지만, 거듭 설명하자면 개개인마다 성장하면서 겪는 통제 수준이 다르고, 동기를 박탈당하는 상황이 다르기 때문이다.

이러한 인간과 환경의 상관관계(혹은 인간의 행동과 경험)를 변증법적 측면(여기서 필자가 표현한 변증법이라는 의미를 풀어서 기술하면 통합과 자율성을 얻기 위해 노력하는 적극적인 유기체와 그 유기체적 성향을 북돋거나 억누르는 사회적 환경 사이의 상호작용으로 이해하면 조금 더 이해하기 용이할 것이다)에서 바라보면 어떨까? 인간이라는 동물의 본능을 충족하는 사회적 환경이 충분히 뒷받침되면, 인간의 성장은 폭발적으로 이루어지고 통합을 이룰 수 있다. 하지만 사회적 환경이 통제적이고 억압적이면 인간은 재능을 사회에 헌신하지 못하고 자아의 개념도 형성하지 못하게 된다.

인간의 재능을 억압하는 환경은 크게 두 가지로 나누어 볼 수 있는데, 첫 번째는 행동과 결과에 일관성이 없는 혼란한 사회적 환경이다. 내적·외적 결과를 얻는데 그 과정이 일정하지 않은 사회는 인간의 본능을 위축시키고 인간 개개인을 소극적으로 변하게 한다. 동기가 사라지는 상태에 빠지게 되는 것이다. 두 번째는 각 개체의 개성을 무시하고 획일적인 행동과 사고, 감정을 강요하고 압박·회유하는 통제적인 환경이다. 필자가 오래전부터 관심을 가져온 유형이자, 우리 군의 환경과 유사하고, 이 책의 주제와 일맥상통하는 유형이 바로 두 번째 유형이다. 이러한 환경 속에 노출된 인간은 로봇과 같이 변모하게 되는데, 사회의 요구에 순응하여 도구적 이성에만 열중하는 인간이 양산되게 된다. 인간으로서의 인격도야가 지닌 가치는 사라지고, 가끔씩 통제에 저항하는 훈련된 동물이 되는 것이다.

통제당해야 하는 수동적인 기계로서 인간이 다루어지게 되면, 그 인간은 점점 그러한 방향으로 사육되게 된다. 한 번 통제를 받게 되면 점점 더 많은 통제에 노출되어야만 하는 것이다. 그래서 몇몇 학자는 사회에서 더 많은 통제가 이루어져야만 한다고 결론을 내리기도 했다. 그러한 주장을 하는 학자들은 공통으로 더 많은 훈육과 혹독한 처벌이 인간에게 가해져야 한다고 주장한다.

하지만 역설적이게도 우리에게 필요한 접근방법은 이와는 정반대의 방법이다. 통제에 기대는 손쉬운 해법을 지금 당장 중단하고 자율성을 보장하는 방향으로 접근해야만 한다. 이것이 필자가 독자들에게 강조하고 싶은 내용이다.

자기능력인지와 자율성인지

앞서 필자는 현대의 병사들을 올바르게 훈육시키기 위해서는 자율성과 자신감을 동시에 느낄 수 있도록 하여 내면의 동기를 유지시켜야 한다고 이야기했다. 지금부터는 그 주제를 조금 더 심화시켜 인간에게 있어 발달이란 어떠한 단계를 밟아나가는 것이 올바른 것인가에 대해서 이야기하고자 한다.

발달과 관련된 이야기를 하기에 앞서 한 가지 짚고 넘어가야 하는 것이 있다. 자율성과 자신감은 개인이라는 개체가 일정한 사건을 어떠한 방식으로 받아들이는지가 중요하다. 내면의 동기를 부여하려면 스스로 행동을 결정하고, 그 행동을 우수하게 해낼 능력이 있다고 생각해야만 한다. 개인이라는 개체를 벗어난 외부의 자극은 동기부여에 역효과를 낼 수 있는데, 바로 이러한 부분 때문이다. 물론 위에서 언급한 '자기능력인지'는 '목표를 실제로 얼마나 성공적으로 수행했느냐?'에도 관련된다. 경쟁에서 승리하였거나 일정한 임무에 대한 긍정적인 피드백은 이러한 '자기능력인지'를 결정하는 결정적인 역할을 하는 것이다. 그리고 이러한 '자기능력인지'는 객관적인 데이터보다 주관적인 판단에 큰 영향을 받게 된다. 그러므로 학업 성적이 높은 학생이라고 해도 그 성적을 받은 것이 '자기능력인지' 확신할 수 없다. 하지만 대체로 수행 성과는 '자기능력인지'와 큰 연관이 있으므로 손쉽게 유추하고 통제할 수 있다. 하지만 필자가 진정으로 이야기하고자 하는 것은 '자기능력인지'에 대한 부분이 아니라 '자율성에 따른 것인지'에 대한 부분이다.

어떠한 사람이 자율적으로 행동하고 있느냐에 대한 판단을 하기 위해서는 자신이 의도로 자신의 행동을 결정할 수 있는가를 알 수 있어야 한다. '자율성에 따른 것인지'란, 자유를 느끼는 심리 상태에서 자신의 행동을 보는 주관적인 시각에서 드러나게 된다. 이처럼 '자율성에 따른 것인지'에서 중요한 것은 솔직한 시각이다. 자신이 자유롭다고 말하기도 하며, 그렇게 믿기도 하지만, 결국 자신을 속이고 있는 경우가 많은 것이 사실이기 때문이다. 이런 경우에는 '자율성에 따른 것인지' 알 수 없으며, 자율성에 따른 특성이 나타나지 않는다.

자율적 행동과 통합적 발달은 일정한 행동을 자신의 것으로 경험하는 부분이기 때문에 받아들이기 어려운 부분이 있는 것이 사실이다. 하지만 논리적으로 생각해본다면 우리가 자신의 행동을 결정할 수 있고 책임질 수 있다고 생각한다면, 각자가 직관적으로 느낄 수 있을 것이다. 나아가 자신의 행동이 자발적인지, 스스로 흥미와 열정을 느끼고 있는지도 알 수 있다.

반대로 통제받고 있다는 사실도 느낄 수 있다. 통제에 저항하는 것도, 순응하는 것도 궁극적으로 자율과는 거리가 있는 행동인 것이다. 실제로 많은 사람이 의무감이나 두려움 때문에 하는 행동을 진정으로 원해서 하는 일이라고 주장하기도 한다. 그러던 중 무의식적으로 내면의 억압을 느끼고, 모순점을 깨닫기도 한다. 모순점을 깨닫게 되면 심리적으로 자유롭고 억압받지 않는 것을 바라게 된다. 동시에 자신이 되는 과정에 전적으로 몰두하고, 사회 속 자신의 존재에 대해 인지하게 된다. 이는 성욕과 물욕 다음으로 인간이 타고난 심리적 욕구로, 자신이 유능하고 자유로운 가운데 남들과 연결되어 있기를 바라는 욕구이다.

앞서 설명하였듯이 대부분의 사람은 자신이 자율적이면서 타인과 원활한 관계를 맺는 독립적인 인격체가 되기를 소망한다. 하지만 대부분 독립적이기는 하지만 내적·외적 요소 때문에 자율적이지 못하다. 그리고 자신이 선택하지 못하고 통제된 사람들과의 관계에 의존(통제적 의존성)하게 되면서 심리적 고립감을 느끼게 된다. 이처럼 자율적이면서도 의존적인 것은 자연스러운 현상이다. 타인과의 관계를 통해 감정적으로 도움을 받고 기대려는 성향은 원초적인 본능이다. 인간은 남들과 감정적 유대를 맺고, 서로 의지하며 도움을 주고받으려는 성향을 가지고 태어나기 때문이다. 결국 타인과 관계를 맺으려는 욕구와 의존성은 분리될 수 없다. 그래서 자율적이기를 원하면서도 의존적인 성격은 인격적으로 건강한 상태이다.

그러나 자신이 선택하지 않은(원하지 않은) 대상에게 의존하는 것은 기형적인 모습이다. 문제는 사회에서 오직 자신이 원하는 대상과 관계를 맺는 것은 사실상 불가능하다는 것이다. 그렇기 때문에 우리 사회는 독립성을 존중하고자 하지만, 의존성은 존중하지 않는 경향이 많다. 하지만 관계를 맺고 싶어 하는 욕구와 자율성은 분리될 수 없기에, 일정 부분의 의존성은 독립성과 함께 존중받아야만 한다.

내면화와 자율성

자발적 학습의 중요성

몇 년 전 연대지통실에서 당직근무를 하고 있을 때였다. 취사병한 명이 보고를 하기 위해 나를 찾아왔다. 당시 나는 문서작업을하고 있었는데, 취사병이 내가 쓰고 있는 문서에 있는 분수를 가리키며 이게 무슨 의미냐고 물어보았다.

취사병은 고등학교를 정상적으로 졸업하고 4년제 대학교 역사학과에 재학 중이었는데, 분수를 모르고 있었던 것이다. 개인적으로다시 그 취사병을 만나서 이야기를 나누어 보았다. 그 친구는 초등학교 때부터 수학이 싫어서 수학을 포기했다고 말했다. 지금까지 살면서 분수를 모르는 것이 불편하지 않았느냐고 물어보았을때 그 친구는 불편하기는 하지만 주변 사람들이 해주면 되지 않느냐고 답했고, 나는 망치로 머리를 얻어맞은 것 같은 충격에 휩싸이지 않을 수 없었다.

학창 시절에 산수에 흥미가 없고, 사칙연산은 계산기로 대신할수 있다 하더라도 분수를 읽지 못하는 것은 한 명의 인간으로 살아감에 있어서 매우 불편한 일임이 분명하다. 그 친구가 건전한 삶을 영위하고 행복을 느끼기 위해서는 내면적 동기가 없더라 하더라도 그로 하여금 학업을 이어갈 수 있는 방법이 필요했을 것이다. 이는 대한민국의 구성원을 사회화시킬 책임이 있는 선생님과 부모에게도 중요한 문제이지만, 대한민국의 마지막 공교육 기관인 군에게도 주요한 문제일 수밖에 없다. 사회화를 담당하는 이들에게는 휘하에 있는 학생 혹은 병사를 사회의 구성원으로 훌륭히 키워야 할 책임이 있다. 때문에 사회의 구성원이 되고자 한다면 응당 배워야 할 여러 가지를 배우고 익힐 수 있도록 이끌고 격려할 수 있어야 한다. 물론 궁극적으로는 사회화를 담당할 선생의 존재가 사라지더라도, 그들이 스스로 사회의 많은 것을 학습할 수 있는 능력과 의지를 가질 수 있게 해야 한다.

앞선 장에서 지금까지 필자가 독자들과 이야기한 부분은 내면의 동기가 부여된 활동, 모든 이가 흥미를 느끼고 기꺼이 하고자 하는 행동에 대해 이야기했다. 그리고 상대적으로 위에 있는 이들이 자율성과 자신감을 불어넣어 주면 다른 이의 행동을 부추길 수 있다고 이야기했다. 하지만 지금부터 필자가 독자들과 이야기하고자 하는 부분은 흥미롭지는 않아도 해야만 하는 일을 하도록 하는 방법이다.

우리가 살아가는 세상에 흥미롭고 재미난 일만 있다면 좋겠지만, 현실은 그렇지 않다. 친구들과 술 마시는 한 시간은 흥미롭고 재미난 시간이지만, 그러기 위해서는 고단한 노동을 여섯 시간 이상 해야만 한다. 그리고 우리가 하는 고단한 노동이 세상을 더욱 윤택하고 살기 좋게 만드는 점은 부정할 수 없는 사실이다. 우리가 가르치고 훈육하는 병사들이 사회에서 이러한 일을 마주쳤을 때, 비록 힘들더라도 피하지 않고 자신이 맡은 바 책임을 다할 수 있도록 하기 위해서는 이 점을 간과해서는 안 될 것이다.

내면화에 대하여

많은 교육학자와 심리학자가 앞서 우리가 생각한 문제를 고민하고 연구하였다. 그리고 개인이 사회의 가치를 받아들이는 측면을 표현할 때 사용하는 단어가 바로 '내면화'이다.

내면화에 대해서 이야기하기에 앞서 필자의 의견을 먼저 이야기하고자 한다. 인간은 태생적으로 수동적이고 야만적인 존재라고 볼 수도 있지만, 반대로 앞서 이야기한 바와 같이 성장과 발달을 하고자 하는 개인적 욕구가 있다고 볼 수도 있다. 전자의 의견을 바탕으로 내면화를 바라본다면 내면화를 위해서는 외적인 통제가 필수불가결하게 필요하며, 외적인 통제를 통해 행동을 유도하는 방식이 내면화에 있어 중요한 과정이 된다. 한 사람의 인생을 결정하는 과정 역시 자신이 의도한 바와 노력한 정도보다는 사회의 요구가 더욱 큰 변인이 될 수 있는 것이다. 반면 후자의 견해로 내면화를 바라보게 된다면 내면화는 개인이 주도적으로 외부의 자극을 내부의 자극으로 치환하는 과정이 된다.

예를 들자면 밥을 먹은 뒤 이빨을 닦아야 한다는 것을 아버지에게 배운 아이가 성인이 되어서는 시키지 않아도 이빨을 닦게 되는 것을 들 수 있을 것이다. 정리하자면 이 아이는 이를 닦는 행위를 내면화한 것이다.

　위의 예시에서 보듯이 내면화는 아이에게 주어지는 것이 아니라 아이가 아버지의 도움을 받아서 개인이 이루어 내는 것이다. 아이는 아버지의 권유를 받아들인 것이다. 아이를 사회화하는 부모는 내면화를 쉽거나 어렵게 만드는데 큰 책임을 진다. 하지만 위의 예시처럼 내면화를 실제로 이루는 주체는 아이이다.

　이러한 관점의 차이를 먼저 설명하는 이유는, 심리적 관점으로 봤을 때는 인간 개인이 지닌 발달의 본성과 관련되어 있는 문제이기 때문이며 실용적인 관점으로 봤을 때는 학생이나 자녀, 그리고 우리가 지도하는 병사들의 책임감을 높일 답을 전혀 다른 방식으로 제시하게 되기 때문이다.

　삶의 규범과 가치를 내면화하는 과정은 확장되고 통일화되는 자신의 내면에 세상의 다양한 측면을 통합하는 것이라고 볼 수 있다. 이를 유기적 통합이라고 부르는데, 이빨을 닦는 행위를 내면화하는 것에서 볼 수 있듯이 행동 아래에 깔린 가치는 구성원의 생활을 원만하게 유지할 책임까지 함께 가져가는 것이다. 그리고 그 가치가 자아발달의 일부가 되어가는 과정이 통합이다.

　타인과 연결되고 그들과 함께하기 위해 인간은 타협을 해나간다. 친밀해지고자 하는 집단과 사회가 요구하는 규칙과 가치를 받아들이려는 성향은 선천적으로 타고나는 인간의 본성이다. 인간은 그러한 타협을 통해 가치와 규칙을 내면화하고 능숙하게 사회적 역할을 해나가는 것을 학습한다. 이때 한 가지 유의할 것은, 규칙의 내면화가 반드시 자율성이나 진정한 자기 규제로 이어지지는 않는다는 것이다.

내면화의 두 가지 유형은 '내사'와 '통합'이다. '내사'를 간단하게 설명하자면, 책을 학습한다고 했을 때 이해의 과정 없이 그대로 암기하는 것이라고 생각하면 된다. 엄격한 규칙이 내리는 요구와 명령에 자신의 생각 없이 복종한다면 바로 '내사'가 일어난 것이다. 이러한 상황이 지속되면 자율적으로 행동하고자 하는 토대가 마련되지 못한다. 자율적으로 움직이기 위해서는 내면화된 규칙을 자신의 것으로 흡수하고 자신의 일부로 만들어야 한다. 이러한 통합 과정을 거친 다음에야 중요하지만 흥미롭지는 않은 행동(내면의 동기부여가 되지 않은 활동)을 수행할 준비가 된 것이다. 사회에서 규정된 규칙을 통합할 수 있는 에너지는 본인이 주체가 되어야만 나오는 자율적 욕구에서 비롯되기 때문이다.

우리 사회의 구성원 대부분은 자신이 속한 집단의 가치와 규칙, 규범을 받아들이고 그에 어긋나지 않는 방향으로 행동하기 위해 노력한다. 만일 이 과정이 올바르지 않게 진행되거나 강압적으로 진행되면 '내사'로 이어진다. 해야 하는 것, 하지 않으면 안 되는 것의 형태를 띠게 된 내면화가 일어나는 것이다. 이는 자율적인 의사결정이 되지 않고 있다는 의미이다. 자의로 행동하는 것이 아니라 타인의 의사를 만족시키기 위해서 움직이는 객체가 되는 것이다.

결과적으로 자신의 책임에 대한 성공적인 통합과정을 거친다면 자신이 하게 될 임무를 충분히 자율적으로 수행할 수 있을 것이다. 반면에 자신의 책임에 대한 소화와 흡수가 충분히 이루어지지 못했다면, 자신의 임무에 불필요한 의무감과 부담감에 시달리게 될 것이다. 지금부터는 이러한 경우 나타나는 부작용에 대해서 기술하도록 하겠다.

첫째로 나타날 수 있는 부작용은 경직된 의무적 복종이다. 검사 집안에서 태어났지만 프로게이머가 되고 싶은 아이가 부모님의 의도대로 검사가 되기 위해 노력하는 것이 이러한 경우이다. 의무감과 부담감 때문에 오랜 세월을 관심 없는 공부에 바치는 것은 이 세상 많은 청소년에게 실제로 일어나는 일이다. 검사가 되어야 한다는 부모의 의지로 말미암은 '내사'가 워낙 강력하고 이에 통제됐기 때문이다. 이러한 내사에 평생 통제되어 원하지 않은 일로 삶을 낭비하는 일은 생각보다 흔하게 일어나는 일이며, 동시에 사회를 파괴하는 일임에 분명하다.

둘째로 발견되는 부작용은 여러 가지 '내사'가 한꺼번에 일어나 어떤 '내사'도 결정적인 영향력을 발휘하지 못하는 상황이 일어나는 것이다. '내사'에 부정적인 반응을 하지만 적극적으로 거부하지 못하는 상황이 바로 이러한 상태를 불러일으키게 된다. 취사병이 되고자 하지 않았으나 병력 선발관의 선택으로 취사병이 된 병사의 경우, 취사병이란 보직의 양면가치(한 가지 대상에 대해 상반되는 감정이 공존하는 것)를 느끼게 되고, 그 결과 임무를 즐길 수 없게 된다.

마지막으로 우리가 관찰할 수 있는 부작용은 '내사'에 적극적으로 저항을 하는 것이다. 이러한 상태가 가장 위험한 경우라고 할 수 있는데, 규칙과 규범에 저항하고자 하는 형태가 이러한 형태이기 때문이다. 주관적으로 자신의 행동을 결정하는 것은 긍정적인 일이지만, 사회를 유지하는 규칙과 규범을 송두리째 부정하는 것은 큰 문제일 수밖에 없다.

자신이 원하지 않으면서도 따르는 것, 사회의 규칙과 규범에 저항하는 것 모두 명백히 부정적인 측면이 많다. 이처럼 경직된 의무적 복종이 상급자(혹은 교사나 부모)를 즐겁게 해줄 수는 있겠지만, 복종하는 이에게는 큰 부담일 수밖에 없는 것이다.

건강한 내면화란?

　초등학생이 과제를 수행하는 것이 규칙과 규범을 '내사'한 결과인지 아니면 자신의 의지대로 통합한 결과인지 알아보기 위한 실험을 로체스터대학교에서 실시했다. 이 실험을 위해 교사들에게는 학생들의 동기부여가 얼마나 진척되었는지 평가하게 했으며, 학생들에게도 본인이 학교생활을 능률적으로 하는지 평가하도록 하였다. 하지만 교사들의 평가와 학생들의 자가 평가를 통해서는 학생들의 동기부여가 내사의 결과인지 통합의 결과인지는 알기가 어려웠다. 과제를 수행하는 측면에서 규칙과 규범을 '내사'한 학생들 또한 동기부여에 대한 점수를 높게 받았고, 본인들도 동기부여가 잘되어 있다고 생각했기 때문이다. 그리고 '내사'를 한 학생도 '통합'을 한 학생도 모두 학교생활을 열심히 한다고 응답하였다.
　하지만 '내사'와 '통합'이 엇비슷한 결과를 내는 것은 여기까지였다. '내사'의 정도가 높은 학생은 학교에 거부감을 드러냈고, 실패한 경험을 부정하고 적응하지 못하는 반응을 보였다. 하지만 '통합'의 정도가 높은 학생은 더 즐겁게 학교생활을 했으며, 기대한 만큼의 성과를 얻지 못했음에도 그 과정을 긍정적으로 받아들였다.
　보통 사람들은 숙제나 학업 성취도가 높은 학생을 보면서 건강한 내면화 과정('통합'의 과정)을 겪었을 것이라고 판단한다. 하지만 학습이라는 규범에 '내사'한 것이라면, 다시 말해서 건강하지 않은 내면화 과정을 거쳤다면 학생 본인에게는 상처가 많이 남았을 것이다. 자신이 원하지 않은 학습을 끝까지 진행한 점이 긍정적으로 보일 수 있지만, 결과는 좋지 않은 경우가 많다.

의무감과 부담감 때문에 행동하는 것은, 개인을 인격체로 보았을 때 부정적인 측면이 크다. 무엇보다 사회에 대한 호기심과 열정을 잃게 되기 쉬우며, 그 이후에는 자신을 위한 삶으로 돌아가기 힘들다. 자기 자신의 즐거움과 행복보다는 타인의 기쁨을 위해서 살게 되기 때문이다. 하지만 여기서 중요한 것은 이런 사람의 경우 대부분 조용하고 순종적인 경우가 많고, 그 때문에 많은 이가 문제의식을 가지지 못한다는 점이다. 차분하고 조용하여 문제가 없어 보이는 이들에게도 마땅히 관심을 받아야 할 복잡한 감정이 숨어 있다. 이러한 감정들은 규칙과 규범을 '내사'하는 불완전한 내면화 과정에서 비롯되는 경우가 많다. 그래서 불완전한 내면화를 거친 사람들은 아무리 노력해도 사회의 기대를 따라가기 어렵다는 생각을 하기 쉽다.

성장 과정에서의 내면화

한 명의 사람이 어린아이에서 성인으로 성장하려면 앞서 설명했듯이 사회의 규칙과 규범에 대해 배우고 반응해야 한다. 사회가 부여하는 과제와 위기에 경직되지 않고, 마음의 동요를 최소화하며,

하나의 생명으로서 반응하는 것은 사실 쉽지 않은 일이다. 아이가 성인이 되려면 내면의 통합을 이루는 동시에 사회의 구성원이 될 수 있는 방법을 찾아야 한다.

아이들이 진솔하고 책임감 있는 존재가 될 수 있는지 없는지는 그들이 노출된 사회화 환경이 어떠한지에 달려 있다. 강압적인 '내사' 환경이냐, 규칙과 규범을 '통합'할 수 있는 환경이냐는 아이들의 삶을 규정하는데 큰 역할을 한다. 그리고 내면화와 통합의 정도가 높으면 성취도와 환경에 적응하는 능력도 뛰어나다. 또한 사회생활 속 가치를 내면화할 수 있는 아이들은 과제에 대한 책임감이 높으며 행복도 또한 높다.

앞서 자율적인 환경이 내면의 동기를 유지하는데 유리하며, 창의적인 해결책을 찾는데 도움을 준다고 소개한 바가 있다. 자율성이라는 요소는 내면화와 '통합' 과정에서도 중요한 요인으로 작용하게 되는데, 자율성이 뒷받침되는 아이들은 중요하지만 흥미롭지는 않은 행동을 할 때 강한 인내심을 발휘해 자발적인 동기를 유지한다.

군에서도 그러하듯이, 조직에서 자율성을 뒷받침한다는 것은 곧 구성원들을 인격적으로 대한다는 것을 의미한다. 동시에 통제받아야 할 대상이 아닌 훈육과 교육을 통한 교화의 대상으로 본다는 의미이다. 그래서 조직의 리더나 중간관리자로서 구성원에게 자율성을 부여하려면 구성원의 시각으로 조직을 바라보고 현상에 대해 평가를 내릴 수 있어야 한다. 물론 조직의 리더로서, 때로는 중간관리자로서 구성원들에게 자율성을 부여하는 것은 쉬운 일이 아니다. 하지만 군과 학교처럼 사회화를 이끌고 선도하는 조직이라면 구성원 개개인의 인격도야와 인성함양에 대한 책임을 짊어질 필요가 있다.

앞서 군과 학교기관에서 구성원이 사회의 규범을 '통합'할 때 도움을 주기 위해서는 자율성을 보장할 필요가 있다고 했다. 그렇다면 구체적으로 어떠한 방법을 취해야 병사들과 학생들이 규범을 '통합'할 때 도움을 줄 수 있을까? 정답은 과제를 제시하는 방식에 변화를 주는 것이다. 지금부터 이에 대해서 설명하고자 한다.

첫째로 어떠한 이유로 이 과제를 수행해야 하는지를 이해시킬 필요가 있다. 국지도발 훈련을 할 때 각자의 임무에 대해 알려주고 부여된 임무의 중요성을 알려준다면 자신에게 주어진 임무에 책임감을 가지게 되고, 최선을 다해 임무를 수행하게 된다.

둘째는 과제를 수행하는 이의 감정에 공감하는 것이다. 병사들에게 병영생활 임무 분담제와 같은 자율성의 한계를 정해줄 때는 그들의 감정을 인정하는 것이 중요하다. 내면의 동기를 훼손하지 않고 자율성의 한계를 지키게 할 때도 그들의 감정을 인정하는 것이 중요하다. 자신의 감정에 공감을 하는 부모 혹은 상급자와 함께하는 아이 혹은 병사는 그렇지 않은 경우에 비해 지키고 싶지 않은 규정과 규칙을 '통합'하는 것을 훨씬 수월하게 진행한다.

마지막으로 과제를 부여할 때 통제하거나 압박한다는 느낌을 주지 않도록 주의해야 한다. 명령하기보다는 내면의 동기를 이끌어내기 위해 권유하는 편이 좋으며, 상급자가 직접 통제해 과제를 나눠주기보다는 하급자가 과제를 스스로 선택할 수 있도록 해야 한다.

과제를 부여하면서 해야 하는 사유를 설명하고, 감정을 고려하며, 통제하지 않는다면 병사들과 아이들의 내면화 정도를 높일 수 있을 것이다. 내면화 정도가 높은 병사나 아이는 통제가 없는 상황에서도 내면의 동기를 오랫동안 유지하고, 과제에 대한 흥미 역시 오래 유지할 수 있다.

반면에 교사와 군 간부가 자율성을 보장하지 않고 하나하나 통제하는 환경을 조성한다면, 학생들과 병사들은 규정과 규칙을 내면화할 때 '통합'의 과정을 거치는 것이 아니라 '내사'의 과정을 거치는 모습을 보여줄 것이다. 이들은 성장하여 사회가 부여하는 과제를 진행해야 할 때도 자신의 의지가 아닌 '내사'의 방식으로 내면화를 하게 되며, 결국 인생을 자신의 의지대로 살지 못할 것이다. 그 결과 즐거움을 느끼는 데도 어려움을 느낄 것이다. 물론 사회가 부여하는 과제에서 의미를 찾기도 어려울 것이다. 살기 위해서 수행해야 하는 일이라는 생각이 강하기 때문에 수레에 끌려가는 가축처럼 사회의 과제를 수행하게 된다.

여기서 우리가 생각해볼 측면은, 통제받는 환경이 조성되어도 내면화는 진행된다는 것이다. 이러한 결과가 나오기 때문에 통제를 통한 사회화가 가능하다는 행동주의 심리학자들의 주장이 힘을 얻기도 한다. 하지만 자율성이 보장된 상태와는 내면화 정도와 내면화 후의 모습이 현저하게 다르다는 것을 알 수 있다. 그리고 통제된 상황에서의 내면화는 부분적인 내면화로, 결국 '내사'의 단계에서 벗어나지 못한다는 것을 알아야 한다.

규정과 규칙을 '내사'한 사람 중에도 책임감 있어 보이고 유능해 보이는 이가 많다. 하지만 규정과 규칙을 내면화하는 이들이 있다 하더라도 이러한 내면화에는 반드시 자연스럽지 못한 감정과 결과가 따라오게 된다. 마음에 상처가 남는 방식으로 과제를 수행하는 사회의 기계로서의 인격체를 만들지 아니면 규정과 규범을 '통합'하여 지율적으로 행동하고 책임을 지는 인격체를 만들지는 온전히 우리의 손에 달려 있다. 교사와 군 간부들이 궁극적으로 하고자 하는 것은, 아이와 병사 스스로가 부여된 과제에 흥미를 느끼고 그 과제를 해결하는 것이 자신에게 도움이 된다는 사실을 그들이 알게 되는 것이다. 때문에 자율성을 부여하는 방식이 무엇보다 중요하다고 할 수 있다.

자율성과 사회에 대한 책임감

사람이라는 동물은 누구나 타인과 관계를 맺으며 살아가고, 동시에 타인과 자신이 원하는 관계를 맺고자 하는 욕구를 가지고 있다. 그리고 이러한 욕구가 우리를 공동체의 일원인 동시에 사회의 일원으로 만든다. 관계 욕구가 있기에 인간이 사회적인 동물이 될 수 있었으며, 그 결과 사람이라는 동물은 사회화 과정을 자연스럽게 거치게 되었다. 그리고 무리에 들어가면서 무리의 가치관을 받아들이며, 그 사람이 속한 무리의 정체성이 한 사람의 정체성을 대변하게 되었다. 사람이라는 객체는 무리의 가치를 받아들이는 동시에 책임감을 배우며, 사회 속의 한 사람으로서 성장하게 되는 것이다.

앞서 필자는 진실하고 행복한 삶을 살아가는데 자율성이 무엇보다 중요하다고 이야기했다. 하지만 자율성이 중요한 만큼 사회에 대한 책임감을 느끼는 것 역시 중요하다. 자율성을 충분히 보장한다는 말 속에는 외부의 통제 없이도 과제에 대한 책임감을 가져야한다는 말이 포함되어 있는 것이다. 자신이 행복하다는 이야기는 타인의 행복도 책임을 진다는 것을 의미하기 때문이다. 사회와 관계를 맺고자 하는 욕구는 자연스럽게 자신이 속한 문화를 받아들이고 흡수하고자 하는 욕구를 불러일으킨다. 스스로 그 문화를 더욱 풍요롭게 하는 역할을 맡기도 하는데, 자신에게 의미 있는 다른 누군가가 자율성을 뒷받침한다면 그 과정은 더욱 순조로워진다. 사회화를 책임진 사람들이 타인과 관계를 맺고자 하는 개인의 자율성을 존중하고 옹호해줄 때, 한 인격체로서 비로소 진정한 자유를 느끼고 책임감 있는 구성원으로 자리 잡을 수 있다. 긍정적이고 건강한 사회를 만들기 위해서는 이러한 과정으로 구성원이 양성되어야 한다.

자율성 욕구와 관계 욕구라는 기본적 욕구를 채우지 못한 상태로 성장하게 된 사회 구성원은 십중팔구 이기적이고 자기애에 빠지게 된다. 사사건건 통제되는 환경에서 자라났거나 일률적이지 않은 통제에 노출되었기 때문이다. 이러한 환경에서 자라난다면 인격체로서의 진정한 자신을 찾기 어려우며, 사회의 구성원으로서의 책임감을 느끼기도 어렵다.

자율성의 한계

필자가 자율성을 지속적으로 강조하였지만, 무엇보다 중요한 것은 구성원이 방임되어서는 안 된다는 것이다. 무엇이든 해도 좋다고 하는 것은 자율성을 향상시키는 방안이 아니라 방임을 조장하는 행위이다. 학교나 군부대에서 구성원이 방임되게 되면 내면화할 행동의 한계, 체계, 규칙이 없기 때문에 그들이 학습해야 할 내면화와 사회화를 배울 수가 없다.

구성원들이 방임되지 않으면서도 자율적으로 자라나기 위해선 통제가 균일해야 하고, 이해하기 쉬우면서도 보편타당하며 공감할 수 있는 방식으로 자율성의 한계를 정해주어야 한다. 예를 들면 이런 것이다.

회의시간에 집합하지 않는 분대장에게 제때 집합하지 않은 이유를 물어보았을 때 분대원에게 지도할 내용이 있었다고 대답했을 경우, 지도하지 않고 넘어가는 것은 방임하는 것이다. 명백히 자율성의 한계를 정해주었음에도 그 한계를 벗어나는 구성원이 있다면 일정한 제제와 지도가 필요하다.

하지만 여기에서 착각하기 쉬운 것이 있다. 방임하지 않기 위해선 통제를 하는 방법뿐이라고 생각하는 것이 그것이다. 특히 군에서 이런 식으로 생각하는 중간 관리자가 많이 있다. 상대방이 명령에 복종하게 하기 위해서는 위계질서를 통한 차이를 알려주어야 한다고 그들은 생각한다. 하지만 군에 들어오는 구성원은 성인인 동시에 사회화를 학습하는 단계이므로 당연히 실수를 자주 저지른다. 경우에 따라서는 이해하기 어려운 경우도 있으며, 인내심을 시험당하는 경우도 분명히 있다. 그래도 통제를 통한 억압은 올바른 방향은 아니다. 어려운 상황에서도 병사들이 건강하게 성장하도록 유도하기 위해선 자율성을 보장해주어야 한다. 그리고 자율성을 존중하지만 분명히 한계가 있다는 것을 지도해주고, 그 한계를 넘는 행동을 한 병사들에게 동일한 반응을 보여주어야 한다. 물론 이 단계에서도 병사들의 입장을 무시해서는 안 된다는 것을 잊어서는 안 된다.

부모와 교사, 그리고 군의 간부들은 그들이 지도하고 있는 아이, 학생, 병사의 자율성을 지지하기 위해 불가피한 희생을 할 수 있어야 한다. 예를 들어 간부가 만지지 말라는 물건을 병사 중 한 명이 만지고 망가뜨렸을 경우, 해당 병사의 자율성을 지켜주는 방법은 병사의 시선에서 모든 것을 내려놓고 이야기를 들어주는 것이다. 그리고 결과에 대해서 조치를 취해야 한다. 그 물건에 손대지 말라고 지시한 것은 명시적으로, 그리고 묵시적으로 합의한 규칙을 이야기한 것이다. 이때 간부로서 병사의 자율성을 지켜주려면 병사의 행동이 불러온 결과에 공정하게 대응하되, 병사가 무슨 생각을 했는지 이해하고 병사가 간부의 의도를 이해하도록 노력을 기울여야 한다.

자율성을 옹호하는 것과 방임하는 것을 혼동하는 이유는 부모로서, 교사로서, 군의 중간관리자로서 구성원을 방치하고 있음을 인정하고 싶지 않기 때문이다. 사실 방치하고 있으면서 자율성을 보장하는 것이라고 이야기하고 싶은 것이다. 물론 자율성을 보장하는 방법에 대해 학습하거나 이해했더라도, 그것을 선뜻 실행에 옮기기는 쉽지 않다. 방임을 하면 인기를 얻지만, 선택적 통제는 눈총을 받기 쉽기 때문이다. 때문에 자율성을 옹호하는 차원이라하더라도 통제가 꺼려지는 것이 당연하다. 하지만 한 인격체를 사회화해야 할 책임이 있는 이들이라면 이러한 눈총을 능히 이겨내야만 한다.

개인의 자아를 찾는데
도움을 주어야 한다

개인의 자아를 찾기 어려운 환경에 있는 청년들

소대장으로 임관하여 중대장 임무를 마치면서 여러 유형의 병사를 지도했지만, 초도면담을 할 때 본인의 마음을 진솔하게 표현할 수 있는 이는 없었다. 아마 군이라는 조직에서 자신의 속마음을 표현하는 것이 이기적이라고 생각하거나 죄책감을 느끼기 때문일 것이다. 어쩌면 타인들은 잘 참는데 자신은 참지 못한다는 인상을 주고 자신을 올바르지 못한 사람으로 만들게 될 것이라 생각할 수도 있다.

대부분의 사람이 이런 가치를 내사한 채 조직에서 생활한다. 주변에서 해야 한다고 강요하고, 타인이 희망하는 누군가가 되기 위해 살아가는 삶 속에 자신의 삶이 있을 리 만무하고 진정한 행복이 있을 리 만무하다. 이처럼 내사된 가치에 압도된 젊은이들이 진정한 자신과 마주할 기회를 잃고 타인이 원하는 거짓 자아를 연기하며 사회로 나가고 있다. 이러한 현실이 지속된다면 사회는 다양성을 확보하지 못해 문제가 될 것이며, 개인 역시 행복해야 할 자아를 만들지 못하기 때문에 긍정적이지 못하다.

대한민국과 같이 통제된 환경에서 억눌린 채 성장한 청년들은 자신이 진정으로 바라는 것이 무엇인지 탐색할 능력도, 의지도 사라진 상태로 성장하기 쉽다. 물론 이러한 전통적인 성장 환경이 70년대와 80년대에는 옳았을지도 모르지만, 현재는 상황이 많이 달라졌다. 타인이 바라는 대로 행동하는 것만으로도 부와 명예가 보장되었던 이전 세대와 지금 세대는 많이 다르기 때문이다. 때문에 우리는 대한민국의 청년들이 자신의 자아와 마주한 상태로 사회에 도전할 수 있는 기회를 주어야 한다.

우리 사회 대부분의 조직에서 성공하려면 타인에게 인정을 받아야 한다. 그래서 많은 이가 남들이 원하는 것을 달성하기 위해 노력한다. 타인이 좋아하는 행동이 자신에게도 좋은 일이 되기에 어찌 보면 상관관계에 문제가 없어 보이지만, 남을 기쁘게 하기 위한 행동은 자신이 진정 원하는 행동이 아니다. 그렇게 하지 않으면 찾아올 결과가 두렵기 때문에 타인의 기대를 쫓을 뿐인 것이다. 이러한 사회에 오랜 시간 노출되면 타인의 요구에 끌려다니고 있다는 사실이나 내사된 규범에 통제되고 있다는 사실에 익숙해지게 된다. 대부분의 사람이 위와 같은 사회에서 생활하기 때문에 진정한 자아와 연결된 끈이 끊어지기 쉽다. 타인에게 인정받기 위해 내사된 가치를 받아들이는데 골몰한 나머지 진정한 자아에 대한 인식을 잃게 되는 것이다.

조직에 편입될 때는 조직의 기대를 충족하기 위해(혹은 조직에 필요한 사람이라는 것을 과시하기 위해)자신의 모습을 포기하거나 숨겨야 할 필요가 있다. 조직에 자신을 맞추기 위해서 자율성과 자신의 자아를 희생하여야 할 때가 있을 수도 있다. 사회화의 가장 올바른 모습인 통합에 이르기 위해서는 자율성 욕구와 관계 욕구가 모두 만족되어야 한다. 하지만 사회화를 담당하는 성인들이 자율성을 뒷받침해야 할 때 조건부 사랑을 내세우며 통제를 가하는 경우가 적지 않다. 자율성 욕구가 관계 욕구와 서로 충돌하면, 그 상처는 개인의 몫이 될 수밖에 없다.

자아를 찾지 못한 사람들

많은 심리학자와 사회학자는 '사람이란 사회적으로 프로그래밍된 존재, 세상이 원하는 대로 발달하는 존재'라고 본다. 때문에 같은 사람일지라도 어떠한 사회적 환경에 노출되는가에 따라서 달리 자라날 수 있다고 생각한다. 하지만 사회가 사람의 자아를 규정한다고 보게 된다면, 사람마다 내제된 내면의 특질을 존중하지 않는다는 문제가 생긴다. 사실 사람이 사회적 자극에 반응하는데 중요한 역할을 하는 것은 사람 개개인의 내제적 특질이다. 사람의 자아란 타고난 대로만 발달하지도, 사회가 프로그래밍 하는 대로만 발달하지도 않는다. 개인이 가지고 있는 잠재력과 흥미, 능력이 사회와 상호작용하는 과정을 거쳐 자아가 형성되는 것이기 때문에 내제적 요인과 사회적 요인이 모두 영향을 끼치는 것이다. 이처럼 자아발달은 사회에 큰 영향을 받지만, 그렇다고 해서 사회에 의해 만들어진다고 이야기할 수는 없다.

진정한 자아는 내면의 자아에서 시작되는데, 내면의 자아란 타고난 흥미와 잠재력을 새롭게 경험하는 것을 여러 측면으로 통합하려는 유기체적 경향이다. 진정한 자아는 책임감이 조금씩 커질 때마다 정교해지고 세련되게 변한다. 자율성 욕구와 자기능력 인지 욕구, 관계 욕구로부터 남들이 원하고 기대하는 것을 기꺼이 주려는 마음이 생겨난다. 이런 가치와 행동을 통합하면서 인간은 더 큰 책임감을 느끼고 그와 동시에 개인적 자유를 얻는다. 그러나 진정한 자아가 통합되고 발달하려면 내면의 욕구가 채워져야 한다. 세상이 자율성을 뒷받침해주고, 스스로 선택하고, 스스로 주도할 적절한 도전 기회를 마련해줄 때 비로소 진정한 자아가 발달하는 것이다.

하지만 이러한 욕구가 채워지지 못하면 발달과정이 순조롭게 진행되지 않는다. 진정한 자아가 발달하려면 자율성이 뒷받침되어야 한다. 그리고 자율성을 뒷받침하려면 조건 없이 사랑하고 받아들여야 한다.

오늘날 대한민국 사회에는 기대하는 행동을 해야 그 대가로 사랑을 주고 인정해주고 자아를 존중하겠다는 '훈육'의 개념이 널리 퍼져 있다. 이처럼 조건을 달성하지 않으면 사랑을 거두어들이겠다고 이야기하면, 교육받는 이의 인생은 비극으로 향할 수밖에 없다.

어떤 이들은 자율성 욕구와 관계 욕구를 서로 대립적인 것으로 보는데, 이 두 욕구는 애초부터 대립적인 개념이 아니다. 사회가 관계 욕구를 무기 삼아 자율성을 빼앗고 통제하려 드는 것일 뿐이다. 아이들을 키울 때뿐만 아니라 다 큰 성인들을 대할 때도 가장 강력하게 통제할 수 있는 방법이 바로 조건부 사랑이다. 그들은 사랑받고 싶다면 개인이 가지고 있는 자율성을 포기하라고 요구한다. 그리고 자율성을 포기하지 않으면 사랑과 관심을 주지 않는다.

통제가 심한 환경에서는 통합이 사라지고 그 자리를 내사가 차지한다. 조건부로 사랑을 주는 사람들은 자녀에게 올바른 행동을 가르치기 위해 사랑을 주었다가 거뒀다가 하는데, 이는 아이가 규칙을 내면화하는 걸 가로막을 뿐만 아니라 진정한 자아의 발달도 가로막는 것이다. 아이가 자신을 둘러싼 환경이 전하는 가치와 규칙, 자기 이해를 받아들이는 것은 너무나 자연스러운 과정이다. 하지만 그 과정에서 강압적인 통제가 동반된다면 가치와 규칙을 통합하지 못하고, 기껏해야 통째로 삼키며 내사하는 수준에 그치고 만다. 만약 환경을 내사했다면 그것은 통합할 수 있는 것도, 진정한 자아의 일부로 자리 잡을 수 있는 것도 아니다. 거짓 자아의 기반이 되는 경직된 명령과 개념, 평가만이 남을 뿐이다.

통제가 심한 양육자가 주입하는 기대를 그대로 받아들이는 아이들의 내면에는 거짓 자아가 발달하게 된다. 아이들은 부모 혹은 양육자를 기쁘게 하고 조건부 사랑을 얻기 위해, 부모가 원하는 것이 무엇인지를 직관적으로 깨닫기 시작한다. 그들은 부모의 사랑을 갈망하고, 통제적인 부모가 나무라는 일이라면 무엇이든 피하려고 한다. 내사는 이처럼 끊임없이 통제를 가해 특정한 생각과 느낌과 행동으로 몰아붙이면서 강력한 동기부여 요소로 작용한다. 하지만 부적응 등 다양한 부작용이 뒤따른다.

내사는 강한 불안감을 동반한다. 언제든 존중받지 못할지도 모른다는 두려움과 사랑을 잃을 수도 있다는 두려움에 떨게 되는 것이다. 물론 내면의 갈등도 계속 일어난다. 요구하고 설득하고 평가하는 내면화된 통제자, 그리고 지시와 비난을 받는 또 다른 내면의 자아 사이에서 치열하게 벌어지는 갈등도 끊이지 않는다. 내사는 일련의 경직된 규칙과 정체성, 즉 거짓 자아가 나타나기 쉬운 과정이다. 그 과정에서 진정한 우리 자신과 연결된 끈을 놓쳐버리면 그때부터는 진정한 자신을 잃어버리게 되는 것이다.

중대장 시절 신병 한 명을 상담했을 때의 일이다. 키가 크고 잘생긴 신병이 중대로 전입을 왔다. 남들이 부러워할 만한 대학에서 수학을 공부하다가 온 그 신병은, 놀랍도록 무표정이었다. 눈치를 많이 보았으며 상당히 지쳐 보였다. 다른 신병들이 긴장하는 것 이상으로 긴장하고 있고 어딘가 이상해 보였다. 처음에는 정신적 질환이 있는 줄 알았다. 초도면담 내내 무표정을 유지하던 신병은 부모의 이야기로 화제가 흘러가자 오른 주먹을 꼭 쥐었다. 그것이 초도면담 동안 그가 스스로 표현한 유일한 감정표현이었다. 나는 그것을 보고 무엇인가 문제가 있다는 것을 알게 되었다. 나는 주먹 쥔 손으로 왼 손바닥을 쳐보라고 했는데, 주먹으로 왼손을 때린 순간 청년의 온몸이 경직되었고, 그는 얼굴을 일그러뜨렸다. 부모에게 저항하는 것조차 온몸이 마비될 정도로 두려운 듯했다. 부모와 상급자가 원하는 모습을 만들어야 한다는 거짓 자아가 믿기 어려울 정도로 강해서 저항하는 것조차 힘들어 보였다.

면담이 끝나갈 때가 돼서야 신병은 평정심을 찾았다. 내사가 얼마나 굳건했던지, 마치 아무 일도 없었다는 표정이었다. 신병을 다시 생활관에서 만났을 때, 그는 전에 있었던 일을 입 밖에 내지 않았다. 부모에게 잠깐이나마 분노를 느낀 자신을 용서하지 못하는 것 같았다.

나는 문제의 원인을 알게 됐고, 활발한 내무생활을 통해 부모에 대한 분노를 어느 정도 해결할 수 있었다. 그는 내면의 활력도 어느 정도 되찾았는데, 그의 내면을 회복시키는 과정은 결코 쉽지 않았다. 강압적 훈육에 시달린 나머지 그는 진정한 자아에 대한 느낌을 잃어버렸던 것이다. 하루하루 자신의 삶을 살기 위해 꼭 필요한 호기심이나 의지, 용기도 없었고, 내면에서 솟아나는 동기도 시들어버린 상태였다. 힘겨운 자아 성찰 끝에 어느 정도 회복할 수 있었던 것이 그나마 다행이었다.

이처럼 조건부로 사랑을 주고 그렇지 않으면 적극적으로 통제를 하는 식의 훈육을 하게 되면 통합이 아닌 내사가 일어날 뿐 아니라 자기 자신을 조건부로 존중하게 되는 안타까운 결과가 빚어진다. 사랑과 존중을 얻기 위해 외부의 요구에 순응해야 했던 아이는 어른이 된 후에도 사랑받고 존중받기 위해 내사된 규칙과 가치에 따라 살게 된다. 그들은 내사된 요구에 따라야만 자신이 가치 있는 존재라고 느낀다. 앞 사례에 나온 신병은 부모에게 분노한 순간 자신이 가치 없는 존재라고 느꼈다. 이처럼 자신의 가치를 조건부로 매기면서 내사의 힘은 더욱 강력해진다. 감히 내사된 가치에 맞서겠다는 생각조차 하지 못할 정도로 자신의 내면을 압도하는 것이다.

자신의 존재가치를 특정 결과와 결부시키는 현상을 전문용어로 '자아관여'라 한다. 어떤 규칙과 가치를 내사하고, 조건부 가치가 내사된 내용에 힘을 실어주면 흔히 그 사람은 자아관여가 되었다고 말한다. 업무에 자아관여된 남자는 업무에서 성과를 내야 스스로의 가치를 발견한다. 이러한 자아관여는 내면의 동기를 훼손하고, 더 심한 압박감과 긴장감, 불안을 느끼게 한다. 자아관여는 타인에게 조건부로 존중받는 생활을 오래 해서 가치와 규칙이 내사될 때 일어난다. 어떤 일을 했을 때 성취한 결과가 자존감과 결부될 때, 사람들은 겉모습을 가꾸는 것에만 매달린다. 특정한 모습으로 자신을 드러내야 기분이 좋아지며, 그 모습으로 자신을 맞춰야 한다는 압박감에 시달리는 것이다. 그러다 보면 당연히 흥미나 열정은 떨어지고, 진정한 자아가 발달하지 못하고 그 자리에 거짓 자아가 자리 잡게 된다.

이처럼 자아관여된 사람들은 타인에게 자신이 어떻게 보일지에만 관심을 두고 끝없이 타인과 비교하며 자신의 가치를 평가한다. 성적에 자아관여된 학생은 끊임없이 다른 학생의 시험 성적을 확인한다. 그래야 자기가 충분히 잘했음을 확인할 수 있기 때문이다. 이러한 자아관여는 내면의 동기를 훼손할 뿐 아니라 학습 능력과 창의력을 떨어뜨리고, 유연한 사고와 문제 해결능력이 필요한 과제를 수행할 능력을 떨어뜨린다. 자아관여의 경직성은 정보를 효과적으로 처리하지 못하게 하며, 얕고 표면적인 사고밖에 할 수 없게 만든다.

이처럼 미약한 자의식에 기반한 자아관여는 자율성을 심각하게 훼손한다. 스스로 행동을 결정하는 자율적인 사람이 되려면 자아관여에서 벗어나야 한다.

자아존중의 두 가지 유형

앞서 설명했듯이 조건부로 자기가치를 인정하는 과정에서 내사와 자아관여가 어떻게 동기를 부여하는지 알게 되면, 자아존중에도 두 가지 유형이 있다는 중요한 사실을 알 수 있다. 우리는 그 두 유형을 각각 진정한 자아존중과 조건부 자아 존중이라 부른다. 진정한 자아 존중은 인간으로서 자기가치를 믿는 굳건한 토대 위에 놓은 안정적인 자아에서 비롯된다. 내면의 동기가 유지되고 외부에서 정해주는 자율성의 한계와 규칙이 통합되고, 자기감정을 스스로 제어하는 진정한 자아발달도 수반된다. 따라서 진정한 자아 존중에는 자유와 책임이 뒤따른다. 물론 진정한 자아 존중을 가졌다고 해서 아무 잘못도 저지르지 않는 것은 아니다. 하지만 가치와 규칙이 내면에서 통합되었기 때문에 어떤 행동이 옳은지 그른지를 알고 있다. 진정한 자아 존중을 지닌 사람도 자기 행동을 평가하긴 하지만, 그 평가에 따라 자기가치에 대한 생각이 흔들리지는 않는다.

반대로 조건부 자아 존중은 안정성이 떨어진다. 자신의 가치를 지탱하는 기반이 단단하지 않기 때문이다. 특정 조건에서는 자아 존중을 느낄 수 있지만, 조건이 달라지면 자아 존중이 사라져 박탈감과 자기 경멸만 남는다. 누군가 어떤 일을 해내라고 압박하고 통제하는 상황에서는 자아 존중이 그 일을 성취하느냐 못하느냐에 의해 좌우된다. 자아관여가 힘을 발휘하는 것도, 그것이 조건부 자아 존중과 결합하기 때문이다. 일의 성과가 좋으면 자아 존중이 높아지는 환경에서 계속 성과를 내면 자기 자신을 더욱 긍정적으로 평가하겠지만, 그건 일시적인 감정일 뿐이다. 이런 이들은 자아에 대한 느낌이 굳건하지 못하고 자신을 과시하는 모습을 보인다. 남들처럼 훌륭하고 가치 있는 것이 아니라 남들보다 더 나아야 하기 때문이다.

진정한 자아 존중을 지닌 사람은 남을 존중할 줄 알고, 타인을 있는 그대로 받아들인다. 그들은 인간의 잠재력, 사람들에게 어떤 가능성이 열려 있는지에 초점을 맞춰 생각한다.

수많은 이가 자아 존중과 조건부 자아 존중을 구분하지 못해서 올바른 처방밖에 내놓지 못한다. 예를 들자면 상대에게 칭찬을 해서 그의 가치를 스스로 올리도록 만들라고 조언한다. 상대가 스스로를 가치 있는 존재라고 생각하게끔 할 수 있다면 물론 좋은 일이다. 하지만 칭찬이 늘 똑같은 효과를 갖는 것은 아니다. 조건부 칭찬은 정반대의 결과를 가져올 수 있다. 우리는 살아 있다는 사실 하나만으로도 가치 있는 존재다. 하지만 칭찬은 다르다. 좋은 성과를 얻었기에, 좋은 성적을 얻었기에 칭찬하기 때문이다. 이런 칭찬에는 그 행동을 하지 않으면 당신은 가치 없는 사람이라는 메시지가 숨어 있다.

칭찬은 진정한 자아 존중보다 조건부 자아 존중을 발달시킬 위험이 있다. 그리고 그 과정에서 칭찬을 무기 삼아 통제하는 환경은 더 강화된다. 한순간일지라도 자기가 가치 있는 사람임을 느끼기 위해 더 많은 칭찬을 받으려 하는데, 그 결과 자율성은 실종되고 만다.

올바른 자아와 인간관계

사람들의 삶에서 가장 중요한 것은 인간관계이다. 연인과의 관계일 수도 있고, 절친한 친구와의 관계일 수도 있다. 올바른 인간관계란 서로 의지하고 믿고 도움을 청하는 것이다. 올바른 인간관계 속에서 사람은 타인이 내 말에 귀를 기울여주고 나를 이해해준다는 사실에 만족을 느낀다. 물론 그렇게 되기 위해서는 자신 역시 도움을 주고 이야기를 들어주며 이해해줘야 한다. 우리의 관계 욕구는 서로에게 기댈 때 채워질 수 있다. 그래서 관계는 매우 중요하다. 사람들은 관계를 중심으로 삶을 살아가기 때문이다. 그런데 이처럼 상호 의존적인 관계를 생각할 때면 떠오르는 질문이 하나 있다. 어떻게 하면 서로 기대면서도 상대방의 자율성을 존중할 수 있을까? 서로가 사랑하는 사이라면 자율성을 주고받는 통로도 양방향이다.

가장 성숙하고 만족스러운 인간관계는 진정한 자아를 지닌 사람이, 마찬가지로 진정한 자아를 지닌 사람과 만났을 때 이루어진다. 이 둘은 서로에게 의지하지만 자율과 진실성, 자의식을 지킨다. 두 사람의 관계가 건강해지려면 각자가 자율적인 선택으로 관계를 유지해야 한다. 두 사람은 서로 상대방의 진정한 자아에 반응할 수 있고, 그와 동시에 상대방의 개성과 고유성을 서로 뒷받침할 수도 있다. 자아관여나 내사된 평가, 자기비하 등에 시달리지 않는 두 사람이 여린 마음으로 상호작용할 때 비로소 성숙한 인간관계를 맺을 수 있는 것이다.

성숙하고 호혜적인 관계에서는 구조적으로든 현실적으로든 한 사람이 다른 사람의 아래에 있는 일이 없다. 두 사람 모두 자율적이고 또 서로의 자율성을 뒷받침한다. 이런 관계를 맺을 수 있어야 서로 대가를 바라지 않으며, 또 의무감 없이 상대방에게 베풀 수 있다. 베푸는 마음은 진정한 자아에서 나오며, 진정한 자아가 발달한 사람만이 기꺼이 베푸는 경험을 할 수 있다. 이처럼 두 사람이 호혜적인 관계를 맺고 있다면, 서로가 원하는 것을 거리낌 없이 요구할 수 있다. 상대방이 내키지 않으면 거절할 수 있다는 것을 알기 때문이다. 주는 것이 당연하게 여겨지지 않고, 받는 것도 의무적이지 않다. 즉 상대방에게 뭔가를 요청한다고 해서 꼭 그것을 받을 거라고 기대하지는 않는다. 주는 사람도 주어야 한다는 의무감 때문에 주는 것이 아니다. 자유롭게 줄 수 있고, 또 자유롭게 주지 않을 수도 있다. 원하는 것을 얻는 것과 상대방이 원하는 것을 주는 것이 균형을 이룬다. 주는 것은 자아의 손실이 아니라 자아의 온전한 작용이다. 이런 관계에서는 자신의 의견을 자유롭게 표현하며, 방어하려는 마음 없이 상대방의 감정에 귀를 기울인다.

예를 들어 "난 너한테 화가 났어."라고 누군가 말했다면, 그것은 상대방이 뭔가를 잘못해서 화가 났다는 것을 의미하지는 않는다. 그보다는 원하는 것을 얻지 못했다는 의미에 더 가깝다. 진정한 자아를 발달시키려면 먼저 지금 자신이 느끼는 감정이 무엇인지를 분명히 알아야 한다. 그리고 그 감정을 소통해야 관계에서 친밀감을 느낄 수 있다. 감정이 자신의 필요와 욕구, 기대에 따라 생겨난다는 점을 이해하면 분노에 사로잡히는 일 없이 건설적으로 그 감정을 표현할 수 있게 된다. 상대방에게 변화를 요구하지 않고 자신이 원하는 것을 얻을 방법도 생각하게 된다.

물질만능주의와 인간의 자아

　IMF를 극복하고 대한민국의 경제가 다시 예전의 영광을 되찾았을 시기, 대한민국의 많은 국민이 부귀와 번영이 대한민국 앞에 있다고 생각했다. 열심히 일하기만 하면 여가를 즐기며 화려한 삶을 살 수 있다고 확신한 것이다. 생산수단을 소유하고 그것을 효과적으로 사용하는 사람은 부를 얻었고, 그렇지 않더라도 열심히 일하고 권위에 복종하면 걱정할 것은 아무것도 없다고 생각했다. 이러한 어머니, 아버지 세대의 성공은 대한민국 청년들에게 강력한 동기를 부여했다. 그들은 특정 과정을 거치기만 한다면 꿈을 이룰 수 있다고 믿었고, 힘든 일을 견디며 살았다. 하지만 안타깝게도 부모 세대의 성공 방식을 답습하여 성공한 사람은 거의 없었다. 꿈을 이뤘다고 해도, 본인이 꿈꾸던 식으로 이루어지지는 않았다.

　오늘날 우리는 OECD 국가 중 2번째로 오래 일하는 나라에 살고 있다. 개인 단위 가족이 늘어나 많은 사람이 퇴근을 해도 맞아주는 가족이 없는 삶을 살고 있다. 여가 활동을 할 시간은 거의 없고, 화려한 생활에 쓸 돈도 없다. 비싼 핸드폰과 빠른 인터넷을 통해 정보화 사회를 누리고 있지만, 정작 화려하게 산다고 느끼지는 못한다.

　사람들은 누구나 물질적 성공을 추구한다. 열심히 산다면 아름다운 인생이 펼쳐질 거라고 믿었다. 화려한 삶은 오지 않는다고 해도 열심히 일하다 보면 최소한 가정을 꾸릴 수 있을 만한 토대는 마련할 수 있을 거라고 믿었던 것이다.

　이러한 물질주의를 강조하는 요즘 시대의 성공이 강력한 동기부여 요소인 것은 분명하다. 하지만 개인적인 만족이라는 면에서는 값비싼 대가를 치러야 했다. 물질주의라는 개념은 이미 뜨거운 논쟁과 토론의 대상이 되어 왔다. 정치인과 경제학자가 GNP를 늘리기 위해 경기부양책을 펼쳐야 한다고 주장하는 반면, 비평가나 심리학자는 물질적 풍요가 영혼을 빈곤하게 한다고 경고한다. 우리 사회가 이 모순된 주장을 함께 고민하기 시작한 것은 최근의 일이다.

현대인이 가지고 있는 욕구는 크게 여섯 가지 유형으로 나눌 수 있다. 세 가지 열망은 외적 욕구로 부, 명예, 신체적 매력에 대한 욕구이다. 이 욕구들이 지향하는 결과는 또 다른 목표를 이루기 위한 도구로 작용한다. 돈은 권력과 재산 소유로 이어지고, 명예는 새로운 기회를 가져온다. 외모가 아름다우면 매력적인 이성과 데이트를 할 수 있고, 시장에서 한발 앞서 나갈 수 있으며, 사람들의 시선이 끊이지 않는다. 이와는 대조적인 세 가지 욕구는 자기 능력 인지, 자율성, 관계욕구와 관련이 있다. 구체적으로 풀어보면 만족스러운 인간관계를 맺으려는 열망, 공동체에 공헌하려는 열망, 성숙한 개인이 되려는 열망이다. 물론 영향력 있는 사람과 만족스러운 인간관계를 맺으면 더 많은 기회가 생기고 공동체에 공헌하면 명예를 얻는 식으로 다른 열망을 성취하는데 이익이 되기에 도구적인 성격이 없지는 않지만, 내적 열망은 그 자체로 만족감을 느낀다는 면에서 외적 욕구와 근본적으로 다르다. 내적 욕구를 충족해 느끼는 만족은 그 결과가 또 다른 결과로 이어졌는지는 큰 상관이 없다.

이 여섯 가지 욕구는 누구나 갖고 있는 열망이다. 경제적 성공이라는 외적 열망은 만족스러운 삶을 살기 위해 어느 정도 있어야 한다. 마음 놓고 살 수 있는 집이 있고, 제대로 된 식사와 의료 서비스를 즐기며 예술적인 즐거움까지 누리는 삶을 모두가 바라기 때문이다.

하지만 중요한 문제는 이 욕구들이 얼마나 균형을 이루고 있는가 하는 것이다.

돈과 명예, 신체적 매력이라는 외적 욕구 중 어느 하나가 내적 욕구에 비해 비대해지면 정신 건강이 좋지 않을 확률이 높다. 이를테면 물질적 성공에 대한 욕구가 유난히 강한 사람은 자기애와 불안, 우울 경향을 보였고, 임상 심리 전문가가 평가하는 사회적 상호작용 점수도 낮게 나왔다. 다른 두 가지 외적 욕구도 마찬가지였다.

이와 달리 의미 있는 인간관계를 맺고, 공동체에 기여하고, 개인적으로 성장하기를 꿈꾸는 내적 욕구는 행복과 긍정적인 상관관계를 보였다. 공동체에 기여하려는 마음이 강한 사람은 활력적이었고 자기 존중도 충분했다. 외적 욕구에 비해 내적 욕구를 더 중시하며 살아가는 사람은 자신을 더 긍정적으로 인식하고 정신도 건강했다.

부와 명예 같은 외적 욕구를 성취하기 힘든 것은, 영원히 그 욕구를 실현할 수 없을지도 모른다는 불안을 느끼기 때문이다. 그런 부정적인 예상이 삶을 불행으로 몰아간다고 주장하는 이들도 있다. 특정한 욕구를 매우 중시하면서도 그 열망을 이루지 못할 것이라는 생각이 들면 스스로 불행하다고 느끼고 우울해진다.

가장 건강한 사람은 만족스러운 인간관계를 맺고, 개인적으로 성장하고, 공동체에 기여하는데 초점을 맞추고 있다. 물론 이들도 안정적인 삶을 보장하는 물질적 성공을 열망했다. 하지만 정신적으로 건강하지 못한 사람들처럼 부와 명예, 신체적 매력만 쫓아다니지는 않았다.

외적 욕구가 강조되는 현실의 이면에는 미약한 자의식이 자리 잡고 있다. 외적 욕구에 매달리는 사람은 자신이 누구인지보다 자신이 무엇을 가졌는지에 관심을 갖는다. 그들에게는 그럴싸한 겉모습, 사회적으로 만들어진 자기 모습이 중요하다. 사람들은 내적 욕구에서 만족과 희열을 느끼지 못하면 표면적인 목표에 매달리게된다.

누군가 지나치게 외적 욕구에 집착을 보이면, 거짓 자아의 일면이 드러난 것으로 이해할 수 있다. 이 열망을 충족하느냐에 따라 조건부 자아 존중이 좌우되기 때문에, 외적 욕구는 엄청난 힘을 발휘할 수 있다. 조건부 사랑이나 조건부 자아 존중에 매달려 자란 아이는 외부의 기준으로 자신의 가치를 평가한다. 처음에는 부모가 시키는 대로 맞춰나가고, 나중에는 사회가 알게 모르게 부추기는 대로 맞춰나간다. 자기가치를 외적 기준에 따라 평가하는 사람은, 사람의 힘에 특히 취약하다. 그들은 사회가 인정하는 가치라면 일단 받아들이려 한다. 더 나아가 상업 광고가 주입하는 가치를 쉽게 받아들이고 만다. 멋있는 것을 더 많이 소유해야 느낄 수 있는 가치, 부와 명예와 외모처럼 기준이 이미 분명한 가치들 말이다. 외적 욕구가 지향하는 궁극적 가치란 바로 이런 모습일 것이다.

많은 심리학 연구진은 욕구와 정신건강의 관계를 좀 더 명확히 드러내기 위해 서로 다른 욕구가 발달과정에서 어떻게 생성되는지 분석하였다. 이 결과 부와 같은 외적 욕구에 지나치게 매달리는

18세 청소년들은 통제가 심하고 냉정한 어머니 밑에서 자란 경우가 많았음이 드러났다. 반면 따뜻하고 헌신적이며 자율성을 존중하는 어머니 밑에서 자란 청소년들은 내적 욕구가 더 큰 것으로 나타났다. 이처럼 부모가 자율성을 충분히 뒷받침하지 않은 자녀는 외적 욕구를 지향하게 되고, 내사와 조건부 자아 개념을 보였다. 자율성 욕구, 자기능력 인지 욕구, 관계 욕구와 같은 기본적인 내면의 욕구를 채우지 못한 아이는 외적 욕구를 지향하고 조건부로 자기가치를 매기며, 결국 정신 건강에 손상을 입었다.

외적 지향이 뚜렷한 사람은 행복의 토대를 쌓지 못한다. 인간의 욕구라는 개념은 흔히 인간이 원하는 것과 같은 것이라고 여겨진다. 갖고 싶은 것이 곧 욕구의 대상인 것이다. 하지만 이런 생각은 인간의 욕구를 제대로 파악하지 못한 데서 비롯된다. 매슬로우가 지적했듯, 인간의 욕구는 건강한 삶을 위해 반드시 충족되어야 하고, 제대로 충족되지 못하면 역기능이 나타나는 유기체적 조건으로 보아야 한다.

자기 능력 인지 욕구, 자율성 욕구, 관계 욕구가 실제로 인간의 기본 욕구인 반면, 돈이나 명예는 기본적인 욕구의 대상이 아니다. 원하는 것, 혹은 욕심의 대상일 뿐이다. 몇몇 사람에게는 극단적인 영향력을 발휘할지 몰라도, 인간의 기본적인 욕구에는 들어가지 못한다.

사회가 제대로 기능하려면 구성원들이 사회의 가치와 관습을 받아들여야 한다. 하지만 가치를 내면화하고 그 가치에 따라 살아가겠다는 의지를 갖는 것은 두 가지 면에서 민감한 문제다. 첫째, 개인으로서 제 역할을 해내자면 그 개인이 받아들인 가치와 그에 수

반되는 동기부여 요소가 통합되어야 한다. 가치와 동기가 일관된 자아의 일부가 되어야 하는 것이다. 둘째, 사회가 요구하는 가치와 관습(물질주의와 같은 가치)이 개인의 기본적인 욕구와 맞지 않으면 내면화가 제대로 이루어질 수 없다. 억지로 내면화했다고 해도 그것에 맞춰 사느라 발버둥 치게 되며, 최악의 경우 크나큰 대가를 치르게 된다.

외적 가치가 내적 가치에 비해 두드러지게 나타나는 사람이라면 가치들이 제대로 통합되지 못했음이 분명하다. 돈이라는 가치가 자의식과 잘 통합되었다면 그 가치가 다른 가치와도 조화를 이루었을 것이기 때문이다. 이런 경우 돈은 더 풍요롭고 균형 잡힌 삶을 살게 해준다. 관계를 맺을 수 있는 기회를 주고, 아름다움을 경험할 수 있게 해주며, 남을 도울 수 있고, 공공기관에 기부할 수 있게 해준다는 점에서 가치를 지닌다. 돈에 대한 열망이 잘 통합된 사람은 지역 문화단체나 사회 보호 시설에 기꺼이 익명으로 기부를 할 것이다. 믿을 수 있는 공공기관에 돈을 낼 수 있는 이유는 남과 맺는 관계를 중시하고 공공선을 실현하는데 책임감을 느끼기 때문이다.

누구나 익명으로 기부를 해야 한다고 주장하는 건 아니다. 기부의 동기가 공동체에 기여하고 싶다는 내적 열망에서 비롯되었고, 돈에 대한 열망이 다른 내적 열망과 잘 통합되어 있다면 얼마든지 익명 기부가 가능하다는 것을 강조하려는 것일 뿐이다. 기부는 그 자체가 보상이다. 기부를 통해 명예를 얻고 찬사를 받는다면 그것은 덤으로 얻은 기쁨일 뿐이다.

외적 가치의 통합, 즉 외적 가치와 내적 가치의 조화는 캐서의 연구에서도 드러났듯이 양육 방식에 크게 좌우된다. 헌신적이고 자율성을 존중해주는 부모 밑에서 자란 아이들은 외적 가치를 더 잘 통합하는 경향이 있다. 하지만 모든 책임과 비난을 부모에게만 돌릴 수는 없다. 물질주의를 강요하는 사회가 우리 세대와 자녀 세대의 가치 균형에 높은 장애물로 서 있기 때문이다.

개인주의와 사회

현대사회를 대표하는 것 중 하나는 바로 개인주의다. 사회 구성원 개개인의 개인주의는 사회 전체의 개인주의가 낳은 부산물이다. 개인주의는 개인의 권리를 가장 앞에 둔다. 개인의 욕망이 가장 중요시되고 정당화된다. 이런 관점에서 보면 개인 행동의 수혜자는 행동한 그 개인이라는 원칙이 세워지고, 개인주의와 이기주의는 근본적으로 같은 것으로 여겨진다. 개인주의와 이기주의는 둘 다 자신의 이해관계를 바탕으로 결과를 평가하는 것이다. 사회의 이익은 개인의 관심사가 아니다. 모든 구성원이 자기의 이익을 추구하다 보면 사회의 공공선이 실현된다고 믿는다. 공공의 복지는 추구할 목표가 아니며, 어디까지나 개인주의의 총합일 뿐이다.

개인주의는 자율성과 자주 혼동되어 왔다. 두 개념을 혼용하는 사람들도 있다. 하지만 자율성과 개인주의는 완전히 다른 개념이다. 이처럼 자율성과 개인주의를 혼동하는 것은 두 개념의 표면적인 정의가 비슷하기 때문이다. 개인주의는 자신의 목표를 자유롭게 추구하는 것이다. 법을 어기지 않는 한 원하는 것을 얻기 위해 노력하는 개인을 사회가 방해할 수는 없다. 개인주의라는 가치 안에서 사회의 역할은 최소화된다. 자율성 또한 스스로 선택한 목표를 자발적으로 추구하는 것으로 정의한다. 두 개념 모두 자유와 관련이 있고, 그 속에 자기 통제라는 의미가 담겨 있다.

하지만 두 개념의 초점과 의미는 상당히 다르다. 개인주의는 자신의 이해관계와 성취만을 지향한다. 개인주의는 개인적으로나 감정적으로나 타인에게 의존하지 않는 상태를 가리킨다 해도 이기심과 자기중심성 등의 요소가 덧붙는다는 점에서 자율성과 거리가 멀다. 개인주의는 공공의 선을 위한 행동과는 정반대에 서 있다. 그래서 개인주의의 반대 개념은 전체주의다. 전체주의에서는 개인의 권리와 목표가 전체의 권리와 목표에 종속된다. 전체주의 사회에서 사람들은 서로 의존적이다. 하지만 그들은 개인적·감정적으로 의존하는 것이 아니라 구조적으로 연결되어 있을 뿐이다. 한 사람의 행동이 다른 사람의 행동과 관계가 있기 때문이다. 개인보다는 가족과 집단, 사회가 앞선다. 자신의 이해관계보다는 공공의 선을 위해 행동하는 것이 당연시된다. 따라서 개인의 행복은 개인의 역량이 아니라 공동체의 힘에 따라 결정된다.

자신의 이해관계 못지않게 책임 있게 행동하려는 진정한 의지도 중요하다. 자율성의 반대편에 있는 것이 통제인데, 통제받는 상황에서는 특정한 방향으로 행동하고 사고하고 느끼도록 억압받는다. 흔히 통제는 더 높은 위치의 사람들 혹은 사회 전체가 주로 시행하지만, 내사를 통해 자신이 통제할 수도 있다. 이처럼 자신을 억압하고, 특정한 행동을 스스로 강요하고, 뭔가를 꼭 해야만 한다고 느끼면 결국 자율성을 스스로 갉아먹는 꼴이 되고 만다. 권력과 부를 얻기 위해 열심히 일하고 경쟁하며 자신을 몰아붙이는 기업가는 억압의 결과로 목표를 추구하든, 스스로를 채찍질하며 목표를 추구하는 것이든 모범적인 개인주의자일 수는 있어도 자율적이라고는 할 수 없다.

많은 이가 개인주의라는 개념을 매력적이라고 생각한다. 그런 마음은 내적 욕구 때문이라기보다는 자본주의 경제사회에서 더 많은 것을 성취해야 한다는 충동에서 나온다. 남들과 상호작용하면서 자율성을 유지하는 모습은 사실 비판받을 여지가 없다.

대한민국에서는 개인보다 집단이 먼저다. 대한민국 문화에서 집단은 강한 사회적 가치를 지니고 있다. 조직에 충성하는 것은 모두의 의무였고, 조직의 수치가 되면 고개를 들고 다닐 수 없었다. 이러한 대한민국 사회에서 통제 수단은 외적 압박이 아닌 내면화였다. 사람들이 가치를 받아들여 자기 자신을 압박하게 하는 이 방법은 놀랍도록 효과적이었다. 그런 사회에서는 사회문화적 관습을 전달하는 사람이 아니라 관습 그 자체가 통제 수단이 된다. 물론 대한민국의 그 전통이 지금까지 효과를 발휘한 것과 별개로 점차 사라지고 있다는 증거는 어디서나 찾아볼 수 있다.

자율적으로 행동하려면 이성적 능력과 강한 의지가 필요하다. 개인주의에도 이런 요소는 필요하다. 하지만 자율성에는 자기 이해도 전제되어야 한다. 이것은 무척 중요한 문제인데, 자기 이해는 개인의 통합을 의미하고, 바로 이 지점에서 자율성과 개인주의가 구별되기 때문이다. 자기 이해를 통해 인간은 더 큰 통합을 이루고 진정한 내면의 존재와 더 긴밀히 연결된다. 개인주의에서도 이성적 능력과 강한 의지는 결합될 수 있다. 하지만 여기에 자기 이해까지 덧붙여야 비로소 자율성으로 거듭날 수 있다.

자기 이해는 까다로운 개념이다. 자기 이해는 내면에 편안히 집중하는 것으로 시작한다. 따라서 자신에 대해 진정한 관심을 가져야 한다. 흔히 자기 이해라 부르는 것이 실제로는 자기 이해가 아닌 경우가 많다. 단지 자신이나 남이 자기를 바라보는 방식을 조종하는 것에 지나지 않는다. 내면의 자아에게 순수하게 관심을 가지면 자아관여를 포기하고 내적 탐구에서 발견하는 것을 이해하려 애쓰게 된다. 자율성은 자기 이해를 돕고, 자기 이해는 자율성을 뒷받침한다.

개인주의는 인간의 태생적 권리라고 강조하는 우리 문화에서 순응 현상이 두드러진다는 것은 참으로 역설적이다. 종교적·공동체적 가치에 통제받을 일이 더는 없는 상황인데도, 한국인들은 점점 더 대중매체가 퍼뜨리는 지위의 상징물에 순응하고 외적 결과에 통제를 받는다. 개인주의가 자율성보다 통제에 더 가깝다는 것을 이해한다면, 이 역설적인 현상도 충분히 이해할 수 있다. 자신의 이해관계를 중시하는 사람들은 자기애에서 비롯되는 외적 열망을 성취함으로써 자아를 과시하려는 압박에 시달리는 것이다. 그래서 열망에 순응하고 목표를 위해 노력한다.

무리의 일원이 되고, 다른 구성원을 좋아하는 것은 잘못도 아니고 약점도 아니다. 오히려 그것은 인간의 본성이다. 개인 차원에서 통합을 훌륭히 이루었다면 변화하는 사회에서 개인의 모습을 굳건히 유지할 수 있다. 또한 인간관계에서 살아갈 힘을 얻기 때문에, 서로가 서로에게 기대는 의존적인 관계를 소중히 여긴다.

집단 내에서의 자율성

궁극적인 핵심은 자율성에 있다

지금까지 우리는 병사들이 자발적으로 움직이도록 만들기 위해서 어떤 방식의 훈육을 해야 하는지에 대한 고민을 같이 했다. 지금부터 필자는 필자 나름의 결론을 독자들과 함께 이야기해보고자 한다. 지금부터 필자가 이야기하고자 하는 이야기의 핵심 키워드는 바로 자율성이다.

앞으로 다가오는 시대에 자신보다 낮은 지위에 있는 이들을 지휘하는 상급자가 갖추어야 할 기본적인 태도는, 개개인의 자율성을 존중하는 것이다. 지금도 그러하지만 이러한 성향은 타인과의 관계 속에서 자신을 높여줄 무기가 될 것이 분명하다. 물론 그러한 경지에 이르기 위해서는 상대방의 입장을 이해하고 상대방의 눈높이에서 현상을 바라보고 판단할 수 있어야 한다. 그러한 수준에 도달할 수 있어야 타인이 무엇을 원하고, 원하지 않는지 정확하게 알 수 있다. 상급자로서 이러한 관점을 가질 수 있는 사람은 자신이 이끌어 나가는 조직원들을 입체적으로 관리할 수 있다. 그러므로 타인의 위에 서려는 야망을 가진 이가 가장 먼저 갖추어야 할 덕목 중 하나는 조직원의 자율성을 존중하는 것이다.

조직의 리더와 중간관리자가 자율성을 키워주는 방향으로 조직 원들을 이끌게 되면 자연스럽게 조직원과 조직의 중간관리자, 리더의 사이에 유대가 생기게 된다. 그러면 자연스럽게 조직이 극복해야 할 임무와 현실 속에서 조직원들이 마주하는 현장의 제한 사항과 역경을 모두가 알게 된다. 이는 조직을 하나의 유기체로 만들어가는 과정이며, 신속한 의사소통의 중요성이 대두되는 미래사회에서 조직이 필수적으로 갖추어야 할 덕목이다. 전통적인 통제와 위계질서가 지배하는 조직은 개혁할 필요가 있는 것이다.

자율성을 존중하는 방법

앞서 리더가 되고자 하는 이는 자율성을 존중하는 방법에 대해서 필수적으로 알아야 한다고 이야기했다. 지금부터는 어떤 방식으로 조직원들의 자율성을 존중해야 하는지에 대해 이야기해보도록 하겠다.

조직원들의 자율성을 존중한다는 것은, 그들의 선택을 존중한다는 이야기이다. 물론 선택의 여지 또한 있어야 한다. 이는 조직의 리더가 자신이 가진 권한과 힘을 조직원들에게 나누어 준 결과 생기는 것이다. 선택지는 조직적인 차원은 물론 개인적인 차원에서도 보장되어야 한다. 개인과 관련된 의사결정에도 참여할 수 있으며, 조직의 전반적인 방향성에 대한 의견을 개진할 수 있어야 조직원들의 자율성이 존중받을 수 있다. 물론 조직에 소속된 중간관리자들은 조직원들이 자율적으로 자신의 의견을 개진하고 자율성을 발현할 수 있도록 나름의 역할을 해야 한다. 이러한 의사결정 과정은 그 자체가 학습이므로, 대한민국 사회의 마지막 공교육 기관인 군에서는 더더욱 이러한 학습 과정이 중요하다.

필자가 이러한 논지의 이야기를 하면 반론을 제기하는 독자들이 분명히 있을 것이다. 조직이 해야 할 것은 정해져 있으며, 달성해야 할 과제와 요구 수준도 이미 고정되어 있다고 생각할 수 있기 때문이다. 필자도 위의 의견은 반박하지 않는다. 하지만 조직이 수행해야 할 과제가 정해져 있다면, 그 과제를 수행하는 방법에 자율성을 부여하는 것은 어떤가? 대부분의 조직에서 리더와 중간관리자는 조직원에 비해 경험이 풍부하니, 조직원들이 무엇을 어떻게 할 것인지 자율적으로 선택할 수 있도록 권한을 부여할 수 있을 것이다.

조직원들로 하여금 무엇을 할 것인지를 자율적으로 선택하게 하는 것은 여러 가지 장점이 있다. 개개인이 선택의 과정에 참여하였기 때문에 내제적 동기가 발현되기 쉬우며, 각 조직원이 의사결정 과정에 참여했기 때문에 의사결정의 질이 더 높아지게 된다. 거기에 조직 내 리더와 중간관리자가 자율성의 범위를 세부적으로 정해준다면, 업무 만족도는 더욱 높아지게 되며 조직원들이 느끼는 조직에 대한 만족은 더욱 커질 것이다.

조직원들의 자율성을 존중하는 것은 대부분의 경우 긍정적이지만, 고려해야 할 요소가 있는 것도 사실이다. 여러 조직원이 의사결정 과정에 참여하게 되었을 때, 조직원들 간에 갈등이 생길 수도 있다는 것을 고려해야 한다. 예를 들어 중대 내에서 한 명의 간부를 전출 보내야 하는 경우라면, 중대장 혼자 고민하는 것이 좋다. 이런 문제를 의논한다면 모든 조직원의 가슴 속에 불신과 원망이 쌓이게 되기 때문이다.

그리고 참여하는 이들의 해당 사항의 결정 과정에 참여할 정도로 성숙한지도 고민해야 한다. 비밀을 유지해야 할 중요한 사안들, 이를테면 작전계획 같은 경우 병사들과 의견을 조율하면서 정하기 어려울 것이다. 또한 신속하게 의사결정을 해야 할 사항일 경우에도 필수불가결하게 리더 혹은 몇 명의 중간관리자가 조직이 가야 할 길을 정해야만 할 것이다.

때로는 이런 경우도 있다. 대부분의 대한민국 사회 조직에서 리더가 구성원들의 자율성을 존중하겠다고 결심했을 때, 선택의 책임을 회피하고 리더의 결정에 목매는 조직원들의 반대 아닌 반대에 부딪치게 될 것이다. 대한민국 사회(특히 군)는 과거부터 지나친 통제를 하던 조직이 대부분이었기 때문에, 조직원들이 스스로 통제받고 싶어 하는 듯한 행동을 보이며 자기방어의 일환으로 리더의 눈치를 살피게 된다. 리더와 중간관리자가 자신에게 요구하는 것을 우선하게 되고, 발전보다는 안주를 택하며, 현상을 넘어가는 쪽을 선택하는 것이다. 이러한 경우 조직원들에게 선택의 책임은 리더에게 있다는 것을 알려주어야 하며, 조직원들의 행위를 격려해주어야 한다.

통제받고 억압받는 사회에 적응하게 된 조직원들은 자율성을 원하지 않는 것처럼 행동하게 된다. 선택을 한다는 행위 자체가 비판을 받고 나아가 처벌까지 받을 수 있다는 것을 알기 때문이다. 조직의 중간관리자나 리더가 조직원들이 선택을 원하지 않는다고 말하는 것은, 자신이 조성한 강압적인 통제 환경에 대한 책임을 회피하는 것이다. 그들이 좋은 의도를 가지고 있든, 그렇지 않든, 그것은 옳지 않은 행위이다.

앞서 설명한 것처럼 대한민국에서 자율성을 존중하는 조직 문화를 만드는 것은 힘들다. 때문에 조직의 리더는 인내심을 가지고 조직원들의 내재적 동기를 일깨우고, 그들이 조직 내에서 흥미와 활력을 느끼며 도전을 선택할 수 있도록 이끌어야 할 책임이 있다.

자율성의 한계점을 지정하자

자율성을 존중해야 하는 이유에 대해서 이야기했다. 하지만 자율성을 존중하기만 하면 조직원들은 방종상태에 빠지게 된다. 때문에 조직원이 자율성의 한계를 인지하도록 만드는 것이 중요하다. 사실 앞서 이야기한 자율성의 존중보다 선행되어야 할 과정이 바로 조직원들에게 자신의 권리가 어디부터 어디까지인지 인식시키는 것에 있다. 그리고 이를 통해 조직원들에게 선택이라는 것이 얼마나 중요한 권리인지, 그리고 자신이 얼마나 중요한 존재인지 인지하게 할 수 있다.

조직원들에게 한계점을 인지시킬 때는, 그들의 자율성이 침해받지 않도록 주의해야 할 몇 가지 측면이 존재한다. 첫째로는 조직원들에게 한계를 인지시킬 때 통제적인 언어를 삼가고 조직원들의 욕구를 인정하면서 한계를 정해줘야 한다는 것이다. 그러지 못하면 한계를 확인한 조직원들은 자신들이 한계를 부여받는 이유를 이해하지 못할 수 있다. 둘째로 한계를 정하는 이유를 알려줘야만 한다. 한계를 정하는 이유를 알고 자신들이 수행하는 임무의 중요성을 알게 되면, 조직원들은 자신들이 혼자가 아닌 조직의 일원이라는 생각을 가지게 된다. 이는 조직원이 만족감을 느끼게 함은 물론이요, 한계를 벗어나지 않고 행동하면서도 내재적 동기를 잃지 않도록 도와준다. 셋째로 한계를 최대한 넓게 설정하고 그 안에서 조직원들 스스로 선택할 수 있게 하는 것이다. 마지막으로 약속한 한계를 지키지 못했을 때 발생할 결과에 대해서도 조직원들이 보는 앞에서 약속한다면 더욱 큰 효과를 거둘 수 있을 것이다.

조직원이 한계를 지키지 못했을 때 생기는 결과는 처벌과는 다르다. 처벌은 통제를 위한 수단이지만, 한계를 지키지 못했을 때 생기는 결과에 대한 약속은 통제가 목적이 아니다. 어디까지나 조직원들에게 책임을 주지시키기 위함이 목적이기 때문에, 한계를 약속한 이후에는 한계점을 지킬지 지키지 않을지는 조직원들에게 맡겨두어야 한다. 그것은 조직원 개개인 선택할 문제이기 때문이다. 한계를 약속한 이후 약속을 어기지 않도록 관찰하거나 통제하는 것은 조직원에게 선택의 여지를 주지 않는 것이다. 그리고 그것은 자율성을 존중하지 않는다는 것을 의미하는 것이다. 만일 한계를 약속한 이후 약속을 지키는지 지키지 않는지 관찰하거나, 그것과 관련해서 조직원들과 갈등을 일으킨다면, 한계설정이 잘못된 방향으로 가버린 것이다.

학생이나 병사들의 수준에서 한계를 정하는 것이 중요한 이유는, 우리의 삶이 선택이라는 책임으로 가득 차 있다는 것을 학습

할 수 있는 기회이기 때문이다. 선택에 따라 다른 결과를 가져올 수 있다는 것을 알게 되면, 그들은 원하는 것을 선택할 때도 그 선택의 결과에 책임질 준비를 할 것이다.

조직원들에게 복종을 강요하며 한계를 임의로 정하는 리더나 중간관리자는 시작부터 한계 설정에 실패한 것이다. 조직원들이 한계를 벗어나지 않는 방향을 선택할 수 있게 해야 한다. 한계를 정하는 리더가 조직원들의 관점을 이해하고, 조직원들이 느끼는 압박을 최소화하고, 의사소통의 긍정적인 환류를 이끌어내야 한계 설정이 성공할 가능성이 높다.

조직의 목표와 성과에 대한 조직원들의 자율성 확보

조직은 추구하는 목표를 달성하기 위해 노력한다. 목표는 조직에게도, 개인에게도, 계획을 수립할 때도 중요한 역할을 하지만, 동기를 유지시킨다는 점에서 중요한 의미를 가진다.

인간의 행동은 결과를 중요시하는 목표지향적인 특성을 보인다. 때문에 인간이란 목표에 도달할 수 있다고 느낄 때 행동하는 경향이 있다. 같은 목표를 추구함으로써 인간은 조직으로 뭉치고, 그 과정에서 평가와 보상을 하게 된다.

이처럼 개인과 조직에게 큰 영향을 주는 목표가 더 큰 효과를 발휘하도록 만들고자 한다면 각자가 자신이 달성해야 할 목표를 인지할 수 있어야 하며, 조직과 조직원들에게 적절한 수준의 도전이어야 한다. 목표가 달성하기 쉬우면 동기부여가 되지 않고, 너무 어려우면 조직원들이 자신의 능력을 의심하게 되기 때문이다. 조직원 개개인에게 자신이 달성해야 할 목표를 설정해주기 위해서는 조직원 각자의 관점에서 목표를 바라보는 것이 중요하다. 필자가 군 생활을 하는 동안, 일주일간 밤을 새우며 한 가지 목표를 향해 정진하는 간부들을 많이 보았다. 이들은 충분한 보수를 받으며, 자신이 맡은 일에 도전정신과 열정을 가지고 있었다. 이들에게 있어 목표는 개인적 성취감을 느끼게 하는 수단이었다. 하지만 이러한 간부(리더, 중간관리자)들이 '조직원(병사)들도 필요하다면 언제든지 자신이 지시하는 업무를 해내야 한다.'라고 믿는다면 그것은 큰 문제가 아닐 수 없다. 조직원들에게는 그 목표가 가치를 일깨우는 것이 아닐 수 있기 때문이다. 조직원 대부분은 리더나 중간관리자보다 보수가 적으며, 근무시간 이외에는 개인 생활을 해야 한다. 그래서 조직원들의 관점을 고려하지 않는 관리자는 부당한 요구를 하고, 그 결과 조직원들과의 불협화음을 만들어낸다. 그러므로 목표와 성취 기준은 조직원 개개인의 수준에 맞춰서 설정해야 한다.

조직원들에게 적절한 목표를 설정해주고자 한다면, 목표설정 과정에서 그들의 자율성을 보장해주어야 한다. 자율성을 존중받고 목표 설정에 참여한 조직원들은 목표를 달성하기 위한 동기를 가지게 된다. 그들은 자신이 하고 있는 일이 무엇이며, 어떠한 제한사항을 극복해야 하는지 생각할 기회를 얻는다. 그 과정에서 최적의 목표를 설정하고, 목표를 달성하는데 필요한 희생을 각오하게 된다. 그리고 목표를 달성한 이후에는 새로운 도전을 받아들일 준비를 할 수 있다. 그렇게 되면 자신의 성과가 평가받을 가치가 있는 것이라고 생각하게 될 것이다.

목표에 뒤따르는 성과에 대한 평가 역시 목표설정에 참여했던 구성원이 참여하는 것이 좋다. 자신들보다 더 자신들이 해낸 일에 대해 잘 아는 사람은 없기 때문이다. 물론 평가 과정에서도 주의해야 할 것이 있다. 성과가 기준에 미치지 못했더라도 그것을 비난하지 않고 해결해야 할 또 다른 문제로 보는 관점을 유지하는 게 중요하다. 개인의 실수가 원인이 아닐 수도 있으며, 평가 기준이 잘못되었을 수도 있고, 목표가 과분했을 수도 있다. 예상하지 못한 제한사항에 봉착했을 수도 있을 것이다. 이러한 측면을 모두 고려하여 조직원들과 함께 의사소통을 하는 것은 조직의 발전을 위하여 굉장히 중요한 일이다.

조직원들의 자율성을 위한 리더의 역할

대부분의 중간관리자는 조직원들의 자율성을 보장하거나 선택의 여지를 주는 것을 어려워한다. 상급자들은 흔히 도와주려 하기보다는 통제하려 하기 때문이다. 하지만 그것이 문제의 전부는 아니다. 자율성을 뒷받침하는 기술적 능력을 갖추지 못한 것도 원인이다. 때문에 리더와 중간관리자 역시 노력이 필요하다.

그렇다면 어떻게 하면 조직원들의 요구를 더 잘 알아차리고 반응할 수 있을까? 어떻게 하면 책임감을 키우고 주도적으로 행동하게 만들 수 있을까?

조직원들의 자율성을 가로막는 것은 리더와 중간관리자의 통제적인 성격과 기술적 능력 부족만이 아니다. 상황 자체도 장애 요인이다.

갓 임관한 리더나 중간관리자는 조직원들을 인성적으로 대하고 자율성을 존중하는데 열정과 관심이 있다. 하지만 시간이 흐르면서 상급자의 압박을 받고, 그 결과 대부분이 처음 가졌던 열정을 잃는다. 과중한 목표를 부여받는 것 역시 큰 구조적 문제다. 이렇게 압박을 받는 리더와 중간관리자는 더 통제적으로 변한다. 압박감을 느낀 상급자가 예하 조직원들을 다시금 압박하는 것이다.

역설적이게도, 군과 사회의 많은 리더는 조직원들이 창의적으로 목표에 다가가고, 스스로 동기를 부여하고 노력하기를 바란다. 그러나 예하 조직에 너무 관심이 많은 나머지 예하 조직의 리더나 중간관리자를 압박하는 것이다. 그러한 상황이 이어지면 예하 조직의 리더와 중간관리자는 상급자의 의도와 달리 통제적으로 행동하게 된다. 이렇게 되면 앞서 이야기했듯이 조직원들의 내면에 있는 동기와 창의성 등은 사라지게 된다. 리더가 성과의 압박에 시달릴수록 큰 성과를 내기 어려운 역설적인 상황이 벌어지게 되는 것이다.

이것이 함축하는 중요한 사실은, 높은 위치에 있는 리더 자신의 자율성이 뒷받침되지 않는 한 조직원들의 자율성도 보장될 수 없다는 것이다. 훈육하고 지휘하는 이들의 자율성을 보장하기 위해서는, 훈육하고 지휘하는 당사자의 자율성 욕구가 충족되어야 한다.

건강한
자존감을
위하여

대한민국 사회는 기본적으로 경쟁사회이다. 현재 대한민국은 누구도 경험하지 못했던 경쟁 속으로 구성원을 내몰고 있다. 특히 경쟁의 중심에 있는 대한민국 청소년들과 청년들은 극심한 경쟁 속에서 희생되고 있다. 때문에 대한민국 사람 대부분은 자존감 중독에 빠져서 희생되고 있다. 타인과 남을 비교하는 근간에는 타인과의 관계 속에서 자신을 찾는 인간의 본능이 자리하고 있다. 하지만 현재 대한민국은 그 정도가 심해 다양한 사회적 문제를 야기하고 있는 실정이다. 무의식적으로 타인과 자신의 시계를 비교하고, 타고 다니는 차를 비교하며, 자신이 타인보다 어떤 점이 우월한지를 생각한다. 만약 자신의 행복과 불행이 이 끝없는 비교에서 비롯된다고 느낀다면 자존감과 관련된 정신적 문제를 안고 있는 것이다.

　건강한 자존감을 가지지 못한 대부분의 대한민국 사람은 타인과 비교하며 경쟁하는 것이 왜 문제인지 쉽게 이해하지 못한다. 그 결과 타인에게 인정받는 것이 삶의 목적이 되고, 평생 경쟁에서 헤어나지 못하는 것이다. 자신의 사회적 성과를 타인에게 보여주는 것이 곧 자신의 가치라고 생각하기에 타인과의 비교를 통해 승리하면 자연스럽게 입가에 미소가 지어지는 것이다. 자신과 주변에 있는 사람들이 그런 삶을 살기 때문에 사회 전체가 그럴 것이라고 오판한다. 이는 자존감 낮은 이들의 건강하지 못한 정신 상태에 기인한 생각으로 정상적인 상태라고 이야기하기 어렵다.

물론 자존감에 문제가 없는 사람들도 타인과 자신을 비교한다. 앞서 이야기했듯, 타인과의 비교를 통해 자신의 위치를 확인하는 것은 인간의 본능이다. 그들도 타인보다 우월하지 못하면 짜증 나고 우월하면 기분이 좋다. 하지만 이들은 그것이 삶의 목표가 아니다. 그들에게 비교는 본능적인 사고의 흐름일 뿐, 타인과의 비교를 통해 우월감을 느끼는 게 인생의 목표가 아니다. 사람들에게 있어 인생의 목표는 어린 시절부터 자신이 진정으로 원하는 무엇이지, 타인과의 비교를 통해 얻고는 우월감이 아닌 것이다.

자존감에 문제가 없는 사람들은 자신의 심리적 욕구를 대부분 효과적으로 만족시킬 수 있다. 이들에게 삶은 타인과의 비교우위에 서야 하는 경쟁의 링 위에 있는 것이 아니기에 행복을 위해 다양한 삶의 즐거움을 찾아낼 수 있다. 이들에게 타인은 경쟁의 대상이 아니기에 사람을 있는 그대로 사랑할 수 있다. 이들에게 타인은 길동무이고 동반자며 조력자이자 협력자다.

그러나 자존감에 문제가 있는 이들은 타인을 이겨내야 할 위협으로 받아들인다. 여기서 한걸음 더 나아가 자신을 비웃는 존재나 냉정한 평가자로 바라보기도 한다. 때문에 타인이 보는 자기 자신을 매우 의식하며, 전혀 알지 못하는 사람이라도 타인이 존재한다는 것만으로도 초조함과 경각심을 느낀다.

필자가 독자들과 이야기하고자 하는 주제도 위와 같다. 자존감의 문제에서 기인한 여러 가지 심리적 질병을 알아보고, 이에 지혜롭게 대응할 수 있도록 노력하는 것이다.

자존감 문제에서 기인한 여러 가지 심리적 문제는 대한민국의 잠재적 문제이다. 자존감으로 인한 곤란이나 장애는 과거에 비해 훨씬 심각한 실정이다. 개인 간의 빈부 격차가 심화되는 것은 물론이고, SNS 등의 소셜 네트워크를 통해 언제든지, 그리고 누구든지 타인의 상황을 보고 자신과 비교할 수 있게 되었기 때문이다. 재벌들이 사는 집, 개인 소유의 비행기, 남이 가진 멋진 차 등 자신의 사회적 위치가 타인과 실시간으로 비교되기 때문에 자존감으로 인한 문제는 더욱 심화될 것이 분명하다.

과거에는 누가 어떻게 사는지 알 길이 없었다. 때문에 빈부의 격차로 인한 상실감이 지금보다 적었고, 자존감 때문에 발생하는 문제도 크지 않았다. 하지만 현대는 다르다. 사람 간의 관계조차 멀어져 버렸다. 인정은 찾아보기 힘들고, 세상은 냉정해졌다. 이웃사촌의 온기는 식어버린 지 오래다. 차가워진 인심은 자존감 장애를 더 부추기고 있으며, 소통에 대한 관심이나 개인이 지닌 소통 능력도 떨어졌다. 그 결과로 우울증 등의 정신병을 앓는 히키코모리가 늘어나는 추세이다.

우리가 사는 사회에는 스킨십과 사랑이 필요하다. 인생이 아름다운 이유는, 사람과 사람의 관계에서 나오는 따듯함이 있기 때문이다. 나는 이 장을 통해 자존감에 문제가 있어 고통을 겪는 대한민국 청소년과 청년들의 문제를 우리가 다시 한번 생각해보는 계기를 만들고 싶다. 나는 그들이 삶을 다시 새롭게 정립하고, 더 나아가 건강한 생활 방식을 찾아낼 수 있기를 바란다.

자신과 타인을 비교하고 자신의 위치를 찾는 습관에서 벗어나 자존감 문제를 해결한다면 거의 모든 심리적 문제가 저절로 사라질 것이라고 생각한다. 많은 심리적 문제가 건강하지 못한 자존감에서 비롯되기 때문이다.

필자는 우리 청소년들과 청년들이 건강한 자존감을 찾는다면 완전히 새로운 대한민국을 만들어 갈 수 있을 것이라고 확신한다. 서로를 비교하는 것이 별것 아닌 가벼운 일이라 생각하는 사람이 늘어난다면 대한민국은 더 나은 나라가 될 것이라고 생각한다.

자신이 가지고 있는 재능에 헌신할 수 있는 사회가 만들어진다면 사람들은 진정한 꿈을 찾아갈 수 있을 것이다. 그리고 자신이 지닌 에너지를 꿈을 실현하는데 오롯이 쏟을 수 있다면, 끈기 있고 너그러우며 온화하고 안정적인 사람이 될 수 있을 것이다.

자존감에 대하여

자존감이란?

 자존감이란 모든 사람의 삶과 뗄레야 뗄 수 없는 관계를 맺고 있는, 누구나 들어보았을 법한 단어다. 하지만 정확히 자존감이 무엇인지 설명할 수 있는 사람은 적을 것이다. 자존감이라는 단어의 사전적 정의는 '자신의 존엄성을 타인의 외적인 인정이나 칭찬에 의한 것이 아니라 자기 내부의 성숙한 사고와 가치로부터 얻는 개인의 의식'이다. 필자는 사전적인 의미를 좀 더 줄여서 이렇게 표현하고자 한다. '자신에 대한 사랑을 바탕으로 긍정적으로 자신을 바라보는 태도'라고. 어떤 상황에서도 스스로를 사랑받을 만한 가치가 있는 사람이라고 생각하는 것이다. 이러한 자존감은 타인에게도 적용되어, 타인도 자신과 마찬가지로 사랑받아 마땅한 존재라고 생각하게 된다. 이처럼 타인의 존재가치 또한 인정하는 자존감을 건강한 자존감이라고 한다. 반면, 그렇지 않은 자존감을 건강하지 않은 자존감이라고 한다.

건강한 자존감과 건강하지 않은 자존감

건강한 자존감을 가진 사람과 그렇지 않은 사람은 많은 차이를 보인다. 정상적인 자존감을 가진 사람은 자신을 긍정적으로 바라보고 사랑할 수 있다. 자아의 독립성과 긍정성을 유지하면서도 자신이 자신의 주변 환경을 조절(자신의 책임이라 생각하며)할 수 있다고 믿으며, 동시에 그러한 문제들을 해결할 수 있다고 생각한다. 그리고 타인의 시선에 의존하지 않고 독립적으로 사고할 수 있다. 반면에 건강하지 않은 자존감을 가진 사람들은 자신을 사랑하는 능력이 부족하다. 자신을 믿는데 거리낌을 느끼며, 타인에게 많은 영향을 받다 보니 자신에 대한 인식이 미미하고, 타인에게 맞추지 않으면 스스로가 사회에 필요한 사람이 아니라는 생각까지 한다. 자신의 능력과 가치를 축소하고 보완해야 할 점 투성이라는 생각을 하고는 한다.

이러한 차이를 발견할 수 있는 이유는 건강한 자존감이 높은 수준의 자주적 동기를 동반하기 때문이다. 인생의 주인이 자신이라는 명확한 인식을 가지고 자신이 원하는 바를 향해 나아가는 것이다. 물론 전제조건은 자신에 대한 사랑이다. 아무 조건 없이 자신을 받아들이고 사랑할 수 있는 사람만이 건강한 자존감을 가질 수 있다. 하지만 대한민국 사람 대부분은 그렇지 못하다. 사회가 원하는 기준에 도달해야만 비로소 얻을 수 있는 정당하지 않은 안정감에 지배당하고 있는 것이다. 이럴 경우 자신의 가치를 타인의 기준에서 보기에, 일정한 기준을 달성해야만 얻을 수 있다. 그래서 자신을 있는 그대로 사랑하지 못하고 사회적 성공, 타인보다 많은 부, 우월한 외모 등을 갖추지 못한 자신을 보며 한탄하는 것이다.

이는 대한민국과 동아시아 국가의 사회구조에서 원인을 찾을 수 있다. 가정에서 부모는 자녀가 높은 학업성적을 받거나 원하는 학교에 진학하면 칭찬하지만, 그렇지 않은 경우에는 질타한다. 그 결과 자녀들은 무의식적으로 외부에서 강요받은 기준을 인생의 목표로 삼게 된다. 그러다 보니 자연스럽게 자신이 진정으로 원하고 갈망하는 것에 대한 욕구를 상실하게 되고, 이런 상황이 지속되기 때문에 타인의 시선에 괴로워지고 끊임없이 경쟁하게 되는 것이다.

결국 이런 사회적 분위기가 오랜 시간 사람들의 인식을 지배하다 보니 자신의 가치를 높이는 데에만 혈안이 되어 자신의 성공에는 민감해지고, 타인의 어려움에는 둔감해지는 현상이 발생하게 되었다. 부모와 교사의 지도 방식이 옳지 않은 방향으로 이루어진 탓에 타인의 자존감을 고려하지 못하고 동정심이 결여된 사람이 양산되었고, 그로 인하여 왕따 문제, 고독사 등 수많은 문제가 발생하게 했으며 그것이 현재의 대한민국의 현실이 된 것이다.

낮은 자존감의 문제

번듯한 직장을 가졌고 남이 부러워할 만한 가정을 가지고 있으면서도 걱정이 많거나 우울한 사람들은 대부분 자존감이 낮은 사람이다. 자존감이 낮은 사람들은 자신감 또한 대부분 낮다. 걱정이 많고 기분이 좋지 않은 상태가 오래가기 때문에 초조해 하거나 우울해하기도 한다. 자신에 대한 평가가 실제 능력이나 행동으로 나타나는 것보다 낮은 경우가 많다.

　반면 사회적 시선으로 보기에 직장도 변변하지 않고 좋지 않은 대학을 나온 사람 중 긍정적이고 걱정이 없어 보이는 사람도 있다. 이런 사람들은 시련과 고난이 닥쳐도 최선을 다해 이겨내려 노력하고, 비록 좌절하더라도 다시 일어날 수 있다. 이런 사람들은 대부분 자존감이 높다.

　자존감이 낮은 사람들은 최고의 성취를 거두었을 때 잠시 기분이 좋아지지만, 다음에는 최고의 성취를 거두지 못할 수 있다며 행복해하지 못한다. 자신이 부족했던 점을 생각하며 반성하는 것까지는 괜찮지만, 자존감이 낮은 사람들은 그 단계를 넘어 자신을 자책하는 경우가 많다. 평안한 상황에서도 위험을 걱정하고 이에 대비하겠다며 심리적으로 쫓기는 것이다. 이러한 시간이 지속되면 늘 불안해하고 진정한 평안함과 즐거움을 느끼지 못한다. 그들에게 있어 자신은 항상 부족한 존재이며, 보완해야 하는 존재인 것이다. 실패가 두려워 도전하지 못하다 보니 행동으로 옮기는 능력과 도전 정신은 없어지고, 자신이 해왔던 일을 답습하게 된다. 결국 외부의 자극이 없으면 움직이지 않는 수동적인 존재가 되어버리는 것이다.

　자존감이 낮은 사람이 매번 성공한다면 좋은 일이다. 잠시라도 행복을 느끼기 때문이다. 하지만 여기서 맹점은, 모든 사람이 1등이 되지는 못한다는 것이다. 앞서 설명하였듯이 자존감이 낮은 이들은 업무 성과에 지나치게 신경을 쓰며 명예와 성공을 위해 고민한다. 이런 이들에게 미흡한 성과(사회적 시선에서)는 용납되지 않은 상황임에 분명하다. 성공이 아닌 인생은 자신의 가치가 부정당하는 것이기 때문이다.

명예와 이익을 추구하는 것이 잘못된 것은 아니다. 건강한 자존감을 가진 이들도 명예와 이익을 추구한다. 하지만 그들에게는 자아를 실현의 과정에서 명예와 이익을 얻는 것일 뿐, 그 자체가 목적은 아니다. 사람 간의 유대감, 일하는 과정에서 얻게 된 인격의 도야 같은 과정 속 행복 역시 그들에게는 중요하다. 하지만 자존감이 낮은 이들은 부와 명예가 유일한 삶의 목적이며, 어떠한 희생을 치르고서라도 부와 명예를 손에 쥐어야 한다고 생각한다. 그래서 부와 명예를 거머쥐기 위해 등장하는 라이벌이나 성과를 내지 못하는 부하 직원에게 적대감을 드러내게 되는 것이다. 성공이란 최선을 다했을 때 얻는 부상 같은 개념이어야 하지만, 자존감이 낮은 사람에게 성공이나 성과만이 중요하다. 이런 극단적인 생각을 하는 이유는 개인의 자존감이라는 중추적 안정성이 결여되어 있기 때문이다. 그래서 이들은 실패를 병적으로 두려워한다. 자존감이 낮은 이들은 원하는 만큼의 성과가 나오지 않았을 때 생기는 부정적인 감정을 일정 수준 이상의 자존감을 가진 이들에 비해 더 크게 느낀다. 그래서 성과에 따라 개인의 감정의 기복이 매우 크다.

자기중심적 자존감 장애

유독 타인이나 환경과 충돌하는 사람들이 있다. 타인의 행동을 공격하며 평가절하하는 반면, 자신은 과대평가하고 자신의 의견에 따르라고 고집을 부린다. 이러한 특징 역시 올바른 자존감을 가지지 못했기 때문에 나타난다.

심리적 척도를 재단하는 건 어렵지만, 특히 자존감은 복잡한 심리적 현상이기 때문에 다면적인 분석과 세심한 접근이 필요하다. 그래도 대부분의 심리학자가 동의하는 부분이 있는데, 자존감에서 가장 중요한 척도가 바로 애착이라는 것이다. 건강한 자존감은 자신의 가치를 중요하게 여기는 만큼 타인의 가치도 중요하다는 마음을 동시에 가져야만 한다. 그러므로 자기중심적 사고를 가지고 타인을 인정하지 않는 이들은 자존감 장애를 가지고 있다 판단할 수 있다.

과도하게 자기중심적인 사람들은 대부분 타인의 이익을 고려하지 못하고, 자신감과 자부심이 상대적으로 크며, 자신의 미래에 대해서도 낙관적인 생각을 가지고 있다. 앞서 자존감은 자신만큼 타인도 사랑해야 한다고 이야기했다. 하지만 자기중심적인 사람들은 그렇지 못하기에 자존감 장애를 가지고 있다고 할 수 있는 것이다. 그들의 마음속에서 타인이란 자신의 성과를 부러워하기 위해 존재하는 들러리일 뿐이다. 물론 자신의 성과를 과시하는 그들의 특성 때문에 별것 아닌 성과 또한 과대 포장 되는 것이 일반적이다.

자기중심적인 자존감을 가진 이들 중에는 타인을 과도하게 통제하고, 통제하지 못하는 이들과는 (공정하지 못한 방식으로)경쟁하려는 이들이 많이 있다. 이들에게는 원칙과 정의보다 승리가 중요하다. 이러한 이들의 자존감은 대부분 사랑과 관심 속에서 형성되지 못하고 엄한 부모 슬하에서 형성된 경우가 많다. 그래서 자신의 잘못을 인정하지 않고, 타인의 잘못과 불공정함을 과장하여 자신의 가치를 드러내고자 한다.

이러한 이들은 자존감이 낮은 이들과 마찬가지로 조건적인 사랑을 베푸는 부모의 양육을 받고, 안정감을 느끼기 어려운 가정에서 양육된 경우가 많다. 하지만 자존감이 낮은 이들과 다르게 대부분 용감하고 외향적이며 다혈질적이다. 그렇기 때문에 부모의 기대를 내면화하여 명예와 부를 추종하며, 자신의 가치를 찾기보다는 이에 반기를 듦으로써 자신의 가치를 찾게 된 것이다.

자기 평가와 자존감의 차이

자기 평가와 자존감을 잘못 이해하는 사람들이 있다. 자기 평가란 자신의 지능, 외모, 타인에게 주는 호감도 등을 주관적인 시선으로 평가하는 과정이다. 물론 자기 평가가 자존감에 큰 영향을 미치기는 하지만, 그것만으로 자존감을 논할 수는 없다. 둘 사이에는 다른 점이 많이 있다.

자기 평가는 일정한 행위의 결과에 대한 객관적인 평가와 판단이 필요하다. 다시 말해 자신의 특징과 사회적 역할에 대한 주관적인 견해이므로, 상대적으로 객관적이고 중립적인 경우가 많이 있다. 예를 들자면 '나는 오늘 노상방뇨를 했기 때문에 부끄럽다.', '내 눈 색깔은 검정색이다.' 같은 것이다. 이러한 자기 평가는 누구나 납득할 수 있는 객관적인 성격이 드러난다.

하지만 자존감은 다르다. 자기 평가에는 감정이 들어가기 어려운 측면이 많지만, 자존감에는 감정적인 측면이 많이 개입한다. 그리고 자기 평가는 환경의 영향을 많이 받는다. 하지만 자존감은 환경의 영향을 적게 받는다.

자존감과 인간관계

　자존감은 개인과 자아에만 영향을 미치는 요인이 아니다. 자존감이란 자신에 대한 타인의 생각을 어떻게 받아들이고 행동할지를 결정하며, 또한 개인의 경험이 타인에게 어떠한 의미가 있을지에 대한 판단을 하도록 도와준다. 자존감은 안경처럼 개인이 사회를 바라보는 인식에 영향을 준다. 자존감의 주된 기능은 대인관계를 맺고 타인과 조화를 이루는 데 있다. 자신을 사랑하고 인정하는 마음이 대인 관계에 영향을 받고, 또한 영향을 미친다는 것은 이 책을 읽는 독자들이라면 알 수 있는 것이다. 자존감 그 자체가 바로 대인관계를 형성하는 과정인 것이다. 그러므로 자존감은 개인의 내면에만 영향을 주는 것이 아니다.

　개인의 내면에 있는 자아 경험 구조는 타인과의 상호작용과 관련성이 깊다. 인간의 내면 구조와 대인관계는 동전의 양면 같아서 자기 개념은 마음속에 있는 타인의 이미지와 상호관계 속에 있다. 이처럼 개인의 자아는 타인과의 관계 속에서 진정으로 가치가 있는 것이다. 인간의 내면 구조는 독립적이지만, 대인관계를 통해 내면 구조가 성장하기 때문에 반드시 대인관계에서 자양분을 얻어야 한다. 때문에 자존감이 대인관계를 이어주는 중추적인 역할을 한다고 생각할 수 있는 것이다.

　대인관계는 인간에게 있어 가장 중요한 일이며, 사회에서 살아가는 사람이라면 누구에게나 필요한 것이다. 인간이라는 동물은 혼자서 생존할 수 없다. 협력과 신뢰 없이 인간 혼자 대자연과 싸우는 것은 불가능에 가깝다. 그러므로 인간이 세상에서 생존하기 위해 반드시 해야 하는 기본적인 일은 타인이 자신을 어떻게 생각하는지 아는 것이다. 남들이 자신을 긍정적으로 생각하는지 부정적으로 생각하는지 혹은 받아들일 수 있는지 배척하는지에 대해 판단할 수 있어야 한다. 이것을 알지 못한다면 조직에서 버림받거나 놀림을 당할까 봐 걱정하고 두려워하게 된다. 자존감은 이런 대인관계를 조절하는 역할을 한다고 볼 수 있다.

자존감이 정상적이라면 타인이 자신을 받아들이고, 자신에게 호의적이며, 자신과 기꺼이 협력하려 한다는 확신을 가지고 있다는 뜻이다. 자신이 남들에게 사랑받을 만한 사람이고, 그들에게 쉽게 받아들여질 수 있다고 믿는 것이다. 하지만 자존감이 정상적이지 않은 사람은 자신이 동료로서 얼마나 가치 있는지 의심하고, 타인에게 받아들여지기 힘들다고 믿는다. 그리고 남들이 자신을 위협하고 무시하며 앞으로도 그럴 것이라고 생각한다.

자존감은 형성 과정에서부터 대인관계와 밀접한 관련이 있다. 유년기에 부모와 안정적인 애정 관계를 형성하고 가정에서 사랑과 안정을 느낀다면 안정된 신뢰감을 가지고 대인관계를 주도적으로 이끌어 갈 수 있을 것이다. 이런 아이들은 대부분 친화력과 응집력을 가지고 있고, 자신이 좋은 존재로 자리매김할 수 있다고 믿는다. 하지만 부모가 아이를 소홀히 하거나 가정에서 안정감을 주지 못한다면 아이는 타인을 의심하고 두려워하며 협력할 수 없는 경쟁 상대로 여기게 된다. 타인에 대한 두려움과 의심이 행동 양상으로 굳어지게 되면 자존감이 비정상적으로 형성되기 쉽다. 이런 인격체로 성장하게 된 아이는 타인을 배척하고 자신을 보호하는 데 주력하기 때문에 원만한 대인관계를 맺지 못한다. 타인에게 과도하게 의존하거나 의심하는 것은 올바른 특성은 아니다. 그리고 타인이 자신을 좋아할지에 대한 확신이 없기에 독립적인 사고를 하기 어렵다.

자존감은 형성될 때부터 대인 관계의 영향을 받지만, 일단 형성된 뒤에는 반대로 대인 관계에 영향을 미친다. 심리학자들의 연구에 따르면, 자존감이 대인관계에 영향을 미치는 것은 타인의 반응을 예상하고 그에 따라 자신의 행동을 대응하기 위해서이다. 타인이 나를 받아들일 수 있는가에 대한 판단의 결과가 타인을 대하는 태도와 행동을 결정하기 때문이다. 이는 대인 관계에서 곧 일어날 상황을 어떻게 예상하는지 알 수 있는 잣대이기도 하다. 현재의 대인관계가 가지고 있는 가치를 어떻게 평가하는지에 따라 자존감이 달라지고, 상호관계에 대한 평가와 예측이 자신의 행동과 가치를 결정하게 된다.

모든 사람과 원만한 관계를 유지하려면 집단과 이익을 공유하면서도 독립적인 관념을 가져야 한다. 독립적으로 사고하고 약속에 책임을 져야만 타인과 평등한 관계에서 교류할 수 있다. 독립적이고 자주적일수록 타인을 믿고, 타인도 자신처럼 독립적이고 비슷한 욕구를 가진 사람이라고 생각한다. 그리고 그러한 특성을 가진 사람일수록 타인과 원만하게 소통한다. 타인과의 소통에 대한 욕구가 이미 충족되었기 때문에 대인관계는 안정적이고, 대인 관계로 인해 곤란을 겪지 않는다. 대인 관계가 긍정적일수록 자신이 자기고 있는 재능에 헌신하고 자아실현에 가까이 갈 수 있다. 안정적이고 건강한 자존감을 형성하려면 개인의 자주성과 원만한 대인관계가 모두 충족되어야 한다.

건강한 자존감을 가진 사람들이 낯선 사람이나 타인의 평가 앞에서 자신 있게 행동할 수 있는 것은 안정감을 가지고 있기 때문이다. 타인에 대한 그들의 신뢰는 후천적인 재능인 용기라는 말로 표현할 수 있을 것이다. 자존감이 낮은 사람들에 비해 훨씬 용감하기 때문에 남을 신뢰하고 그에게 적극적으로 다가갈 수 있다. 이것은 타인에 대한 두려움보다 타인에 대한 사랑이 우선되기에 가능한 일이다.

안정감은 자존감에 비해 매우 광범위한 개념이다. 대인관계를 조절하는 것에 머무는 것이 아니라 한 명의 인간이 세상을 대하는 전반적인 태도를 가리키는 것이기 때문이다. 그래서 안정감은 자존감에 큰 영향을 미친다. 안정감이 높은 사람들은 자신과 타인을 쉽게 신뢰한다. 그들은 타인과 함께 있을 때 자연스럽고 유쾌하게 행동하기 때문에 건강한 자존감을 형성한다.

예를 들어 세 사람이 함께 일하는데 그중 두 사람이 특히 친하게 지낸다고 치자. 그때 나머지 한 사람이 그 상황을 긍정적으로 받아들인다면, 그는 정상적인 자존감을 지닌 사람이다.

자존감의 형성

자존감의 출발점

앞서도 여러 번 설명했듯이, 자존감은 자신이 가치 있고 사랑받을 만한 존재라고 느끼는 것이다. 이는 부모와의 관계에서 형성된 사랑과 안정감을 바탕으로 만들어진다. 정상적인 자존감이 형성된 사람은, 자신은 타인에게 인정받을 수 있고 그만한 가치가 있는 사람이라고 믿으며 성장한다. 그렇다면 어떠한 과정으로 인간에게 이러한 자존감이 자리 잡게 되는 것일까?

자존감은 선천적으로 가지고 있는 심리적 장치가 아니다. 후천적으로 습득하는 경험에 가깝다. 때문에 신생아에게는 자존감이라는 개념이 없다. 동기와 욕구에 의해 지배받는 동물에 가까운 생물이, 생리적 욕구와 안정감을 충족된 상태로 성장하며 자존감을 형성하는 것이다.

신생아는 성장을 위해 자발적으로 부모와 세상과 소통한다. 자신의 활동범위를 넓혀 새로운 능력을 배우고 타인과 소통하려는 것은 모두 성장이라는 동기 때문이다. 다른 동기는 바로 자기보호이다. 인간이 행복을 추구하고 기본욕구를 만족시키는 과정에는 위험, 불확실성, 실망 등이 필수불가결하게 수반된다. 이는 신생아에게도 해당되는 내용으로, 부모가 필요한 것을 충족시켜 주는 과정에서 신생아는 자신의 가치에 대한 감정을 자연스럽게 가지게 된다. 건강하고 지속적인 성장 환경 속에 있다면 스스로 활력과 잠재력을 키워나가는 것이다. 자신의 특징과 장점이 무엇인지 알고, 그 장점을 개발하고, 타인과 교류하면서 적절한 반응과 태도를 습득한다. 그리고 자신의 능력을 이용해 인격을 도야한다. 자신이 바라는 것이 무엇인지 알아가고 그것을 바탕으로 하나의 인격체가 되어가는 것이다.

이처럼 긍정적인 자존감을 만들기 위해서는 사랑이 충만한 안정적인 환경이 제공되어야 한다. 그리고 부모는 자신의 취향이나 감정에 따라 자녀를 양육하는 것이 아니라, 모든 행동 기준을 아이에게 두고 아이의 욕구를 충분히 만족하게 해주어야 한다. 여기서 부모가 기억해야 할 것 중에서 가장 중요한 것은 신뢰이다. 신뢰라는 감정은 상대가 '아마도 그럴 것'이라는 막연한 짐작이 아닌 애착에서 느낄 수 있다. 타인에게 다가가고 싶다는 적극적인 감정이자, 보호와 지지를 얻을 수 있다는 확신을 주는 것이다.

정상적인 자존감을 형성한 사람들은 타인을 쉽게 신뢰하며, 자신 또한 타인에게 쉽게 신뢰받을 것이라고 생각한다. 그리고 어려운 일이 닥쳤을 때도 자신은 혼자가 아니며 자신을 도와줄 수 있는 사람이 항상 곁에 있다고 생각한다. 타인에 대한 신뢰는 세상에 대한 믿음으로 이어져 초조함과 불안감을 줄여준다.

안정감은 환경을 정복하는 과정이 아니라 어릴 적 부모가 행하는 양육 태도로부터 얻는 것이다. 부모와의 애정 관계가 세상에 대한 신뢰를 낳는 것이다. 자신을 사랑해 주는 부모에게 의지하고 애정을 느끼다 보면, 아이는 부모를 향한 신뢰감을 기억하고 긍정적인 마음으로 세상을 바라보게 된다. 애정은 자주성의 원천이며, 유대감과 신뢰는 신생아 때부터 길러지는 감정이다.

자존감과 안정애착의 상관관계

정상적인 자존감을 형성하게 된 아이들은 자주성을 가지게 된다. 그런 아이는 자신이 스스로를 통제할 능력이 있다고 믿고, 실패나 수치가 잘못이 아니라고 판단한다. 스스로 자신을 통제할 수 있게 된다면 자주성을 가지고 옳은 행동을 할 수 있도록 자신을 이끌어 나갈 수 있다. 자주성은 타인의 명령이 아니라 자신의 느낌에 따라 행동하는 정서적인 반응이며, 자유와 자아를 지켜나가는 용기를 의미한다. 이러한 자주성은 부모와의 안정애착 관계와 크게 관련이 있다.

부모와 안정애착 관계가 형성되면 아이는 충분한 안정감을 느끼고, 부모의 보호 없이도 세상에 발걸음을 내딛을 준비를 한다. 그리고 자신의 상황을 통제할 수 있는 힘을 키운다. 안정애착은 인성적인 성장의 원동력이 되고 대인관계를 원만하게 하는 윤활유의 역할을 한다. 개인의 유대감과 안정감을 길러주어 더 자신 있게 타인의 지지를 구하고 위험에 대응하도록 유도하기 때문이다.

위기에 봉착했을 때 애착 대상을 신뢰하지 못해 안정감을 얻지 못한 사람은 타인과의 상호작용보다는 직접적인 감정표현으로 문제를 해결하려 한다. 하지만 이런 방법은 대부분 사태 해결에 긍정적인 영향을 주지 못한다. 만일 안정애착 관계가 아닌 애착불안 관계가 형성된다면, 타인이 자신을 도와주거나 지지해주지 않을까봐 걱정하고 불안감을 느끼게 된다. 사람이 타인과 교류하면서 위험을 느끼거나 상대가 자신을 긍정적으로 생각하는지 확신할 수 없으면 자기 내부의 기재인 애착 시스템을 가동하여 판단하게 된다. 다시 말하면 애착 시스템은 타인이 협조적이고 믿을 수 있는지 그렇지 않은지를 예상할 수 있게 도와준다는 것이다.

타인에게 애착하려는 것은 인간의 생물학적 본능이다. 인간은 누구나 타인과 애착 관계를 맺고자 하는 욕망을 가지고 있다. 불안정한 애착 관계를 내면에 가지고 있는 사람들의 특징은 애착시스템이 정상적으로 기능하지 않는다는 것이다. 그래서 타인과의 소통에서 오는 친밀감으로는 고통이 해소되지 않고, 그 결과 타인에 대한 애착을 포기하게 되는 것이다. 그렇게 애착을 포기한 사람들은 위기에 봉착했을 때 타인과의 협력이 아닌 자신만의 힘으로 위기를 벗어나려고 한다. 자신의 약점이나 실수를 인정하지 않음으로써 스스로를 지키고자 하는 자기방어기재인 것이다.

안정애착과 과대평가

앞서 설명한 안정애착은 자신을 과대평가하지 않도록 도와준다. 타인에게 공격적이고 비우호적이며, 타인의 비판에 격렬하게 반응하지만 자아를 부정하지 않는 이들이 보이는 행동을 자기 과대평가라고 한다. 이처럼 자신을 과하게 평가하는 것은 왜곡된 자기 평가를 통해 자아의 이미지를 긍정적으로 유지하고자 하는 의도가 깔려있다. 때문에 자신의 능력을 부풀리며, 또한 자아와 관련된 부정적인 정보를 망각하고자 한다. 이러한 성향이 있는 사람들은 성과 역시 왜곡되게 평가하는데, 성공적인 성과는 자신의 공로 때문이라 생각하고, 부정적인 성과는 자기 때문이 아니라 외부의 원인 때문이라고 생각한다. 이들은 이렇게 자신을 적극적으로 속이고 자기 자기중심적인 행동을 하는데, 심하면 폭력적인 성향을 보이기도 한다.

안정애착을 내재한 사람들은 안정적인 자기가치를 유지하며, 대부분 자기방어를 위해 자신을 과대평가하지 않는다. 또한 안정애착을 가진 사람들은 위기에 봉착했을 때 자신의 좋은 자아 특징과 좋지 않은 자아 특징을 함께 떠올리지만, 안정애착이 부족한 사람들은 두 가지 중 하나를 더 많이 떠올린다고 한다.

안정애착을 가진 이들은 자아를 왜곡하지 않고 정확하게 인식하기 때문에 위험이 닥치더라도 안정감을 느끼며, 심리적으로 안정적인 상태에서 반응할 수 있다. 이러한 반응을 보이는 이유는 자신이 사랑과 인정을 받고 있다고 생각하기 때문이며, 그로부터 자기 가치감을 느낀다. 정상적인 안정애착 관계를 내면에 형성한 이들은 위험을 느낄 때도 자기가치감을 유지하며 평안함과 안정감을 느낄 수 있다. 위험한 상황에서도 감정적으로 흔들리지 않기 때문에 자신을 과대 포장할 필요가 없는 것이다.

애착 대상과의 상호작용은 자신을 보호하는 가장 중요한 방식이

자 안정적인 자기가치감의 원천이다. 정상적으로 안정애착이 작동하면 자신을 과대평가할 필요가 없다. 사신에 대한 과대평가로 자아를 보호하는 것은, 자신이 정말로 가치 있는 존재인지 의심하고 있기 때문이다.

반면 안정애착을 가진 이들은 긴장된 상황에서도 안정적인 자아 특징을 보임으로써 자기가치와 정서의 균형을 이룬다. 그들은 애착 대상과 상호작용을 하는 과정에서 자신을 어떠한 시선으로 바라보고 평가해야 하는지 명확히 인지하기 때문이다.

안정애착은 또한 사람을 위로하는 역할을 한다. 위험한 상황에서도 긍정적인 감정을 가지게 되고, 막연한 미래에 대한 불안감을 가지지 않게 도와주는 역할을 하는 것이다. 스스로 정서적인 위로를 받는 이런 특징은 애착 대상을 모방하면서 길러진 것이기도 하다. 그렇기 때문에 안정애착을 가진 이들은 자신을 과대평가할 필요가 없다.

안정애착을 가진 사람들은 외부의 상황적 변화와 상관없이 자기 평가가 크게 다르지 않다. 하지만 그렇지 않은 사람들은 위험한 상황에 닥치게 되었을 때 자신을 부풀린다. 그들은 좌절하거나 사랑받지 못했다는 느낌을 보상받기 위해 일부러 자신을 긍정적으로 평가한다. 만약 긍정적인 결과를 얻었다 해도 자신이 판단하기에 안정적이고 보편적이며 통제 가능한 요소인 자신의 내부에서 그 원인을 찾으려 하고, 부정적인 결과를 얻으면 불안정하며 특수하며 통제가 불가능한 요소라고 생각하는 환경의 영향에서 원인을 찾으려는 성향이 있다.

안정애착과 개인의 인격의 관계

앞서 안정애착에 대해서 길게 설명하였다. 안정애착은 개인의 성장과 인격의 완성을 촉진한다.

안정애착은 자주성을 기르고 개인적인 재능을 실현시킴으로써 인생을 더욱 풍성하게 만들어준다. 안정적인 보호와 지지를 받지 못한 사람들은 애착에 대한 욕구에 집착하기 때문에 쉽게 긴장할 뿐 아니라, 애착과 관련되지 않은 활동에는 주의를 쏟지 않으려고 한다. 그들은 안정애착이 회복되어야만 다른 활동에 주의를 쏟을 수 있다. 결국 안정애착을 가져야만 모험적이고 자주적인 활동에 몰입할 수 있다는 것이다.

자주성은 주도성의 바탕이 되기도 한다. 예를 들어 아이는 자주성을 보장받는다고 느낄 때 아무 걱정 없이 세상 속에서 살아갈 수 있다. 이럴 때 보호자는 아이의 행동을 사사건건 지적하거나 평가하는 대신 멀찌감치 떨어져 바라보는 것이 좋다. 이러한 환경이 뒷받침된다면 아이들의 내면 깊은 곳에서 주도성이 우러나와 타인을 위협적인 존재로 인식하지 않고, 자신의 목표에 집중하며, 새로운 사물을 적극적으로 체험하게 된다. 이렇게 자라난 아이들은 자아를 부정하고 의심하는 부정적인 에너지의 영향을 받지 않고, 적극적으로 새로운 문제를 해결하며, 모든 한계와 어려움을 도전으로 받아들이게 된다. 아이는 일단 도전해본 뒤 어려움을 해결할 수 있다면 끈기를 가지고 지속해 나가고, 해결할 수 없다면 포기한다. 노력과 포기가 모두 자연스럽기 때문에 불안함과 초조함을 그다지 느끼지 않는다.

안정애착은 인격의 발전에 긍정적이고 깊은 영향을 미친다. 우선 욕구기 충족됨으로써 안정석이고 긍정적인 정서를 가질 수 있다. 이 세상은 안전하고 예측과 통제가 가능한 곳이며, 남들도 호의적이고, 자신도 가치 있는 사람이라면 자신의 개인적인 욕구도 부끄러운 것이 아니라 자연스러운 것이라고 인식하게 된다. 사춘기에 이성에 대해 성적 욕망을 느끼는 것도 수치스러운 일이 아니며, 반장이 되어 반 친구들을 위해 일하고 싶다는 것도 부끄러운 생각이 아니다. 자신이 하고자 하는 일을 하는 것이 바로 자신의 권리이다.

하지만 자존감이 낮은 사람들은 권리를 진정으로 체험하거나 느끼지 못하고 추상적인 용어로만 여긴다. 그들은 자신의 주인이 되지 못한다. 자주성이 없어서 기본적인 권리조차 포기하기 때문이다. 이것은 자존감이 낮은 사람들의 전형적인 특성이다. 자주성이 손상을 입으면 자신이 당연히 가지고 있는 권리를 누리지 못하고, 그에 대한 책임도 느끼지 못한다. 권리와 책임은 동전의 양면과도 같아서 두 가지를 함께 체험해야 한다. 현실 세계에서 권리는 곧 책임이며, 부작용이 없는 선택도 없고 책임이 없는 권리도 없다. 그러므로 주도적으로 권리를 추구한다면 그에 따른 책임과 의무를 감당할 준비가 되어 있어야 한다. 권리가 가져다주는 명예와 우월감만을 누리려고 해서는 안 되며, 책임과 의무도 함께 수행해야 한다. 타인의 욕구 충족을 방해하지 않는 방식으로 자신의 욕구를 만족시킬 때 비로소 권리와 책임이 온전히 결합된다.

이 정의에는 두 가지가 포함되어 있다. 하나는 개인적인 욕구를 만족시킬 권리다. 이것은 의심의 여지가 없이 당연한 것이며, 모든 이에게 동일하게 적용되는 사람됨의 기본적인 요건이다. 자신을 희생하여 남을 이롭게 해서도 안 되고, 타인에게 잘 보이기 위해, 혹은 그밖의 다른 이유를 위해 자신의 욕구를 억눌러서도 안 된다. 누구에게나 거절할 권리가 있다. 하지만 이렇게 간단하고 기본적인 요건이 자존감이 낮은 사람들에게는 전혀 적용되지 않는다. 낮은 자존감은 사람의 심리적 건강을 해친다.

다른 하나는 책임과 의무이다. 책임과 의무는 그리 신성하지 않을 수도 있고, 인간은 자신을 희생하여 남을 이롭게 하지 않을 수도 있다. 책임이란 너무 복잡한 것이어서 저마다 정의와 해석이 다르지만, 모든 사람이 지켜야 할 마지노선은 있다. 즉 타인의 욕구 충족을 방해해서는 안 되고, 타인을 희생시켜 자신의 이익을 추구해서도 안 된다는 것이다. 이것이 도덕의 마지노선이다. 이것이 지켜져야만 개인의 욕구는 충족될 수 있고, 어느 누구도 해치지 않기 때문에 자신을 진심으로 인정하고 좋아할 수 있다. 그러나 이것이 나르시즘으로 발전하지 않고, 발전해서도 안 된다. 자신의 행복을 추구하되 타인을 해치지 않고, 그의 행복까지 함께 고려함으로써 모두 행복할 수 있으며, 오히려 타인이 행복할수록 자신도 더 행복해진다. 이런 자기 긍정보다 더 진실하고 충만한 것은 없다. 양심에 위배되는 일을 하지 않고 타인의 이익을 해치지도 않기에 자기 긍정을 확인할 수 있는 것이다.

안정애착을 가진 이들에게 이런 자기 긍정은 이론이 아니며, 경험을 통하여 얻거나 타고나는 것이다. 자기 긍정은 안전한 환경에서 자연스럽게 형성되는 것으로, 일부러 배우거나 억지로 찾는다고 해서 가질 수 없다. 자존감이 낮은 사람들은 이런 자기 긍정이 불가능하다. 그들이 배운 생활 방식은 불안과 의심뿐이며, 마음속에는 욕구 충족에 대한 갈등이 존재하기 때문이다.

안정애착은 개방적인 마음을 가지게 한다. 안정애착을 가진 사람들은 마음이 열려 있고 자신의 감정에 귀를 기울일 수 있다. 그들은 감정과 생각을 솔직하게 표현하고, 자아에 대한 풍부한 정보를 가지고 있으며, 자신의 긍정적인 감정과 부정적인 감정을 모두 받아들인다. 안정애착을 가진 아이들은 더 개방적이고 유연한 경험을 가지고 있으며, 자신의 감정을 표현하고, 감정의 기능과 장점을 이해할 수 있다. 그들은 감정 신호를 직접적이고 개방적으로 교류함으로써 효과적으로 부모의 도움을 받는다. 또한 탐색하고 표현하는 것이 안전할 뿐만 아니라 성장에 도움이 된다고 생각하며, 애착 대상과의 긍정적인 상호작용을 통해 기른 정서 이해 능력을 가지고 있다.

인격은 개인에게 전방위적인 영향을 미친다. 인격이 안정적으로 형성되면 세상에 기본적인 신뢰를 가질 수 있고, 어려움을 마주하거나 좌절하더라도 크게 불안해하지 않는다. 안정적인 인격을 가진 사람들은 세상을 긍정적인 곳이라 생각한다. 그들의 내면에는 안정감이 자리 잡고 있기 때문에 위기 앞에서도 불안하지 않을 수 있다. 또한 안정애착을 가진 사람들은 몰입 체험을 통해 인지의 자발성과 유연성, 주도성을 기르게 된다. 그들은 변화를 받아들일 수 있고, 경험을 억제하지 않고 조직하는 능력을 가지고 있으며, 긍정적인 정서를 유지하며 현재의 경험을 음미할 수 있다. 하지만 불안정한 애착을 가진 사람들은 긍정적인 정서의 영향을 받기 어렵다. 어떤 경우에는 오히려 창의성을 해치고, 인지의 유연성을 줄어들게 한다.

안정애착을 가진 사람들은 개방적인 태도를 가지고 있고 긍정적인 정서를 긍정적인 인지 과정과 연계하기 때문에 남다른 연상을 곧잘 해낸다. 그러나 그렇지 않은 이들은 상대적으로 안전한 감정 신호를 회피하고, 심지어 귀찮은 것으로 여긴다.

안정애착은 회복탄력성과도 관계가 있다. 회복탄력성이란 좌절에서 회복하는 능력이다. 상처나 스트레스를 받았을 때, 그것에 어떻게 대응하고 적응하는지도 안정애착과 관련이 깊다. 그리고 자신의 감정과 생각과 느낌을 신뢰하는 특성도 안정애착과 관련성이 있다. 통제할 수 없는 외부의 힘에 따르는 것이 아니라 자신이 느끼는 옳고 그름의 감정에 따라 결정을 내리는 것이다. 이들은 선택의 자유와 그것에 따르는 책임을 함께 인식한다. 그러면서 경험을 스스로 선택하고, 뛰어난 결단력을 발휘하여 자신의 존재 의미를 찾는다.

안정애착은 높은 자존감과 자신감을 형성시켜 자발적이고 자주적으로 행동하게 하며, 모순과 충돌을 줄여준다. 자신의 감정을 진심으로 받아들이고 좋아한다면 욕구 충족이 억압되지 않는다. 안정애착을 가진 사람들은 욕구가 언제 충족되고, 언제 그럴 필요가 없는지를 알기 때문에 욕구 충족 여부와 상관없이 행복감을 느낄 수 있다. 자신의 감정과 생각과 느낌을 신뢰하는 것은 내면 깊숙한 곳에서 우러나오는 진심과 일상적인 행위에서 나오는 정확한 선택이지, 자아를 억지로 조절하고 변화시킨 결과가 아니다. 그래서 그들은 자신을 어떻게 신뢰해야 하는지를 배울 필요가 없다. 자책과 치욕을 잘 느끼지 않는 그들은 대부분 정확한 원칙에 따라 행동하며, 그 결과 잘못을 거의 저지르지 않기 때문이다.

안전하고 사랑이 충만한 환경에서 성장한 사람들은 생활에 대한 직감적인 지혜와 판단력을 가지고 있기 때문에 감정에 충실하면서 현재를 살 수 있다. 그들은 물속에서 헤엄치는 물고기처럼 생존 본능에 따라 일상생활에서 일어나는 일과의 충돌을 여유롭게 관리한다. 이러한 감정은 타고난 천성처럼 그들을 따라다니며, 타인과 관계를 맺고 사소한 일을 처리할 때도 행동의 방향을 좌우한다. 이러한 경험은 인간의 기본적인 적응능력으로, 빈부나 귀천에 따른 차이가 없다. 하지만 히스테리성인격을 가진 사람들은 대부분 불안하고 억압된 상황에서 이런 본능을 상실한다.

안정애착을 가진 사람들은 목표와 계획을 세우고, 뚜렷한 동기를 가지고 생활한다. 그들은 학교에서 어떤 것을 배우면 자신의 흥미를 결합해서 습득하고, 학습을 기회로 생각하는 경향이 강하다. 그리고 학업 과정에서 타인을 도울 때 기뻐한다. 그들은 애착 대상의 감정에 더 민감하고, 불쾌한 일이 발생했을 때 상대를 더 효과적으로 지지해줄 수 있다. 안정애착을 작동시키면 이타적인 동정심이 강해져 인류 전체의 행복에 대한 관심도 높아진다.

대인관계라는 측면에서 볼 때 자주성과 주도성을 향상시키면 사랑과 애착의 방식으로 타인과 교제할 수 있다. 우선 타인은 선량하고 믿을 수 있는 존재이기 때문에 그들을 너무 의심하거나 밀어낼 필요가 없다는 것을 알게 된다.

원칙을 고수하기만 하면 불안해할 필요가 없다. 상대에게 밉보일까 두려워하지 않아도 된다. 그를 신뢰하고 솔직하게 이야기해도 된다. 또한 두려움이나 불안함 때문에 과도한 자괴감을 느끼거나 오만하게 굴어서는 안 된다. 모든 사람은 평등하기 때문에 상대에게 도움을 구한다는 사실에 자괴감을 느낄 필요가 없다. 내가 그렇듯 상대도 나의 요청을 기꺼이 받아들일 수 있다. 도움을 구하는 것과 도움을 주는 것 모두 자연스러운 일이며, 자존감이나 신분과는 아무런 관계가 없는 것이다.

낮은 자존감을 극복하는 방법

좌절과 낮은 자존감

내면의 자존감이 정상적인 이들도 큰 충격을 받으면 괴로워한다. 처음에는 그 일에 거의 모든 신경을 쏟게 된다. 외부 자원과 내면의 성격적 자원을 모두 동원하여 위협에 대처하는 것이다. 그렇게 되면 자존감이 높든 낮든 본능적으로 위협을 왜곡하고 자신을 긍정하게 된다. 위협적인 사건 자체에 주의를 빼앗겨 버려 자아를 반성할 겨를이 없는 것이다. 때문에 모든 이가 비이성적인 반응을 보이며 정서적인 혼란을 겪는다.

하지만 시간이 지나 환경이 변하게 되면 사람들은 위협적인 사건보다는 자아에 대해 생각하면서 사건이 자신에게 의미하는 바를 돌아보며 생각하게 된다. 이때 자기 긍정과 자기 통합이 적극적인 역할을 발휘하는데, 성격에 따라 긍정적인 에너지의 역할이 달라지기도 한다. 외부로 쏠린 관심이 자신의 내면으로 다시 되돌아와야만 자기 긍정이 자아 가공 시스템 안에서 제 기능을 하게 된다. 이때 자존감이 높은 이들은 자기 긍정과 충만한 자신감을 통해 자신에게 관심을 돌리는 것이 가능하다. 긍정적인 자아에 주의를 기울이면 자아 이미지도 회복되게 된다. 그렇게 자아 내면의 회복 절차는 거의 마무리 되는 것이다. 그래서 한동안 의기소침할지라도 궁극적인 내면의 자아가 무너지지는 않는다. 하지만 자존감이 낮은 이들은 긍정적인 에너지를 내면에서 생산하기 힘들기 때문에 현실을 부정하거나 위기를 왜곡하는 방향으로 자기를 보호하려 한다.

좌절을 경험하였을 때 자존감이 높은 이들은 자아에 집중하여 긍정적인 에너지를 생산하고 자신감을 회복한다. 덕분에 그들은 좌절한 후에도 반성을 통해 문제를 해결할 수 있지만, 자존감이 낮은 사람들은 반성과 자아 분석으로 이러한 효과를 내는 것이 어렵다. 또한 그러한 자기반성이 부정적인 반추를 유도하여 그들의 정신을 피폐하게 만들기도 한다.

진정으로 행복하고자 한다면 자기 안에서 긍정적인 에너지를 찾아내 자신이 흥미를 느끼고 좋아하는 일에 쏟아부어야 한다. 자존감이 낮은 이들이 그러하듯, 자기보다 못한 사람과 비교함으로써 행복을 느끼는 방법으로는 자존감을 높일 수 없다. 자기보다 나은 사람을 바라보며 괴로움을 느끼는 것은 현재 생활에 몰입하거나 만족을 하지 못하기 때문이다. 일상생활에 몰입을 한다면 자신을 남들과 비교할 필요를 느끼지 못한다. 여러 활동에 만족하며 생활한다면 남들과 비교하며 자신의 위치를 확인할 필요를 느끼지 못한다. 때문에 낮은 자존감을 비롯한 심리문제를 극복하려면 자아 속으로 깊이 파고들게 하기보다는 외부로 시선을 돌릴 수 있도록 도와주어야 한다.

자신의 내면을 바라보기보다는 외부에 주의를 기울여 그것의 아름다움에 집중하는 것은 낮은 지존감을 극복하는 좋은 방법이다.

자아를 의식하지 마라

자존감이 낮은 이들의 경우, 자신의 실수나 잘못을 대수롭지 않게 넘기려는 노력이 필요하다. 자아를 평가하지 않는 것이 좋을 수 있다는 것이다. 그것은 자신에게 좋은 평가여도 마찬가지다. 물론 정상적인 자존감을 가진 이들은 애초에 평가를 하지 않는다. 다른 사람과 환경에 대해서도 마찬가지이다. 그들은 오로지 자신이 해야 할 것에 집중하고 자아를 중심에 두지 않는다. 그들의 관심사는 자기에게 주어진 일을 어떻게 해내야 하는가 뿐, 자아와 환경의 관계를 평가하려 하지 않는다. 자존감이 낮은 이들만이 자아와 세상을 평가하려 한다. 자기 자신과 타인, 그리고 세상을 인정하는 최고의 방법은 바로 침묵이다. 침묵은 행동에 집중하고 있음을 의미한다. 묵묵히 자신의 일에 매진한다면 긴말이 필요하지 않기 때문이다.

자존감이 낮은 이들의 경우, 정서안정과 문제 해결을 위해서는 자기중심적이고 결과를 강조하는 태도를 주의해야 한다. 결과를 가지고 자신을 평가하고 그것이 가져다주는 이득에 과도하게 집착하는 것은 타인과 자신을 불행하게 만드는 일이기 때문이다. 결과가 항상 자신의 행동의 이유가 된다면 인생이 단조로워지고 행복감을 느끼기 힘들다. 자신이 실패하더라도 용감하게 변화와 혁신에 도전할 수 있는 사람이야말로 건강한 심리를 가진 사람이며 일의 성공보다 훨씬 중요하다.

내면의 긍정적인 에너지를 찾자

앞에서도 설명했으나 자존감이 낮은 사람들은 내면에 긍정적인 에너지를 만들어내는 능력이 부족하다. 그들은 자아 이미지가 손상을 입었을 때 그것에 대응할 수 있는 긍정적인 에너지가 부족하다. 이전에 자아를 발휘하고 실현할 수 있는 기회를 갖지 못했고, 긍정적인 경험을 쌓는데 실패했기 때문이다. 그러므로 자존감이 낮은 이들에게 필요한 것은 새롭게 배우고 지금까지 해보지 못한 체험을 하며 내면의 긍정적인 에너지를 찾는 것이다. 긍정적인 에너지를 발굴한다는 것은 단순하게 자기 긍정을 한다는 것이 아니다. 자기 인생의 가치를 발견하고, 소중히 여기며, 동시에 그것을 실현해야 하는 것이다.

긍정적인 에너지를 기르려면 말과 생각으로만 그쳐서는 안 된다. 실제 행동으로 자신을 소중히 여기고 평가해야 한다. 특히 자신의 목표, 잠재력, 가치, 장점, 이상 등에 집중하고 장점을 발휘하여 꿈을 실현할 수 있도록 노력해야 한다. 이런 실천 과정은 매우 중요하다. 그것은 새로운 느낌과 경험을 가져다주고, 자기 인생을 바라보는 시야를 넓혀줄 것이기 때문이다. 인생에서 가장 중요한 것은 자신의 목표와 이상을 효과적으로 실현하는 일이다. 목표를 실현하지 못하는 것은 걱정하지 말고 그것을 어떻게 실현할지에 집중한다면, 삶을 더욱 행복하고 풍요롭게 할 수 있을 것이다.

낮은 자존감의 해결방법

낮은 자존감을 극복하려면 자괴감을 넘어서는 것만으로는 부족하다. 실패에 대한 두려움과 싸워 이겨야 하며, 실패했을 때 느끼는 좌절감에 무너지지 말아야 한다고 스스로를 격려할 수 있어야 한다. 가장 중요한 것은 자존감이 낮은 사람들이 인생의 목표를 세우고 꿈을 실현하기 위해 자신의 모든 열정과 에너지를 그것에 투자하도록 하는 것이다. 건강한 내면을 가지기 위해서는 자신의 욕구를 효과적으로 만족시킬 수 있어야 한다. 하지만 사람들의 욕구는 이중적이다. 인명을 안전하게 보호하고, 재산손실을 피하며, 남들의 비난을 줄이는 것 등을 원한다. 거기에 더 많은 재화나 남들의 존중을 받고 싶다는 욕구도 가지고 있다.

자존감이 낮은 사람은 보수적이고 방어적인 성향 때문에 인생의 다채로움을 경험하지 못하며, 그 결과 자아실현이 가져다주는 행복을 누리지 못한다. 그런 그들에게 다음과 같은 명상 체험을 추천한다.

자기 내면에 있는 기본적인 욕구와 이상을 돌이켜보고, 꿈을 실현하기 위해 어떤 노력을 해야 하는지 생각해보자. 삶을 다시 살게 된다면 하고 싶은 것과 어떤 사람이 되고 싶은지 등을 스스로 생각해보는 것이다. 이러한 명상을 통해 진정으로 자신이 원하는 것이 무엇인지 생각해보는 것이 필요하다. 다른 요소를 고려하지 않는다면, 하고 싶은 일과 인생의 목표를 아는 것은 행복을 극적으로 향상시킬 수 있는 일이다.

자존감이 낮은 이들은 자아 이미지를 보호하기 위해서 자신의 능력에 비해 목표를 낮게 설정하는 경우가 많다. 달성 가능한 목표를 설정하는 것은 중요하다. 하지만 자신의 능력에 비해 낮은 목표를 달성하고 얻는 자존감은 올바른 자존감이 아니다. 정상적인 자존감을 가진 사람들은 현재 수준보다 높으면서도 실현 가능한 목표를 세운다. 목표는 현재 자신의 수준보다 높아야 한다. 그래야 지금까지 한 번도 해보지 못한 새로운 도전을 할 수 있고, 새로운 경험을 통해 삶을 조화롭게 만들 수 있다. 새로운 경험이자 모험이며, 이렇게 불확실성과 위험성이 있는 도전은 그 자체로 가치가 있다. 자존감이 높은 이들은 바로 이런 목표를 통해 성장하기 때문에 자기효능감과 통제감을 유지할 수 있는 것이다.

누구나 인생의 아름다움과 생활 속에서 얻는 체험을 즐길 수 있어야 한다. 일상에서 느끼는 소소한 기쁨과 감동에 집중하는 것이 중요하다. 그래야만 사람들은 사물에 대한 평가를 잊고 그 느낌에 집중하며, 과거와 미래를 잊고 현재에 충실하게 된다. 그러므로 한 가지 일에 집중할 수 있는 사람은 타인보다 더 행복한 인생을 영위할 수 있다.

자존감이 부족한 이들은 내면의 안정감이 부족하기 때문에 물질적인 목표에 집중한다. 그 목표를 이루면 그들은 우월감에 취하고, 집에 돌아가 사람들에게 사진을 보여주며 자랑할 생각에 기분이 좋아진다. 하지만 이러한 삶의 방식은 현재를 충분히 누리고 인생의 즐거움을 느끼는데 큰 걸림돌이 된다. 이러한 삶의 방식을 개선한다면 더욱 행복하게 살 수 있을 것이다.

자존감이 낮은 사람들은 긍정적인 에너지가 부족하므로 잘못이나 실수를 곧잘 떠올린다. 하지만 그것보다는 좋았던 일을 회상하고 아름다운 상상을 하는 것이 심리건강에 도움이 된다. 출근할 때 일터에서 행복했던 일을 생각한다면 하루가 즐거울 것이다.

비판과 자존감

자존감이 낮은 사람들이 항상 부정적인 성향을 보이는 건 아니다. 어떤 때는 매우 긍정적인 자기 평가를 내리기도 한다. 하지만 가장 중요한 자신의 존재에 대해서는 중립적이거나 불확실한 평가를 내린다는 게 문제다. 몇 번에 걸친 자기 평가가 불안정하고 일관성이 없다면 긍정적인 에너지가 부족하다는 뜻이다.

자존감이 낮은 사람들은 자신이 어떤 사람인지 확신하지 못한다. 타인이 인정하지 않을 것 같은 성취에는 기뻐하지 않으면서, 실수나 실패에는 매우 민감하게 반응한다. 부정적인 평가를 받을 때 낮은 자존감이 작동하는 것이다.

자존감이 낮은 사람들은 성공을 통해 자기 고양의 힘을 얻기 힘들다. 물론 그들도 성공했을 때 행복을 느끼지만, 자부심을 느끼지는 못한다. 성공을 통한 자기 고양이 힘들기 때문에 타인과의 비교우위를 통해 자존감을 획득하는 것이다. 그들은 남들이 자신보다 못하다는 것을 알아야만 기뻐하고 안정감을 느낀다.

하지만 자존감이 높은 사람들에게 성공이란 자아를 발견할 수 있는 좋은 기회이자 전환점이다. 성공하고 나면 더 큰 성취를 추구하고 도전을 즐긴다. 그렇기 때문에 성공하고 난 뒤에 자신에 대한 호감도가 떨어지지 않고 자신의 목표에 집중할 수 있다. 자신과 자신이 세운 목표를 비교함으로써 내부동기를 자극하여 자아를 초월하고 인생의 가치를 실현하는 것이다.

자존감이 높은 사람들은 자신의 장점과 가치를 확신하기 때문에 성과의 좋고 나쁨에 상처를 받지 않는다. 하지만 자존감이 낮은 사람들은 자신의 가치를 확신하지 못하기 때문에 성과가 없으면 자아에 상처를 입고 수치심을 느낀다. 이처럼 자존감의 높고 낮음에 따라 실패의 의미도 다른 것이다. 실패는 자존감이 낮은 사람들에게 자신의 가치가 없음을 의미하지만, 자존감이 높은 이들에게는 노력할 가치가 있다는 뜻으로 인식된다. 자존감이 낮은 사람들은 실패에 큰 영향을 받아 우울해 하거나 사회적 위신에 상처를 입었다고 생각하지만, 자존감이 높은 사람들은 실패할지라도 자신을 전부 부정하거나 사회적 위신에 상처를 입었다고 생각하지 않는다.

자존감이 낮은 사람들의 문제는 스스로 쓸모없다고 생각하는 것이 아니라 어떤 일에 실패했을 때 자신을 수용하고 정확하게 평가하지 못한다는 것이다. 그들이 자신을 수용하고 행복을 유지하려면 일정한 조건이 지속적으로 충족되어야 한다. 그들은 성공했을 때 기분이 좋지만, 실패하면 금세 우울해지며 정서적으로 불안해한다. 자존감이 낮은 사람들의 감정은 가장 최근에 일어난 일의 결과에 큰 영향을 받으며, 그들은 작은 일에도 크게 연연한다. 반면 자존감이 높은 사람들의 자기 평가는 특정 사건으로 인해 크게 좌우되지 않는다.

성공도 실패도 하지 않았던 일을 하는 경우에는 자존감의 차이가 큰 영향을 미치지 않는다. 낯선 무언가를 접할 때는 누구나 집중하고 몰입하게 되기 때문이다. 또한 이전에 성공한 경험이 있는 일을 할 때도 자존감의 차이가 일에 대한 몰입도를 방해하지 않는다. 자존감이 높든 낮든 성공한 경험이 자신감을 부추기는 역할을 하기 때문이다. 하지만 이전에 실패한 경험이 있는 일을 하게 되었을 경우, 자존감이 낮은 사람들은 큰 영향을 받는다. 반면 자존감이 높은 사람들에게는 딱히 부정적인 영향을 주지 않는다. 이전에 실패했던 경험이 있다면 자존감이 낮은 이들은 자신의 능력을 의심하면서 쉽사리 포기한다. 그들에게 실패는 성공이 아닌 또 다른 실패의 어머니인 것이다. 그래도 작은 어려움으로 인해 좌초되거나 실패한 일은 언젠가 넘어설 수 있기에 계속 시도하는 것이 더 현명하다. 하지만 자존감이 낮은 사람들은 그 사실을 모르는 척 포기해버린다. 이렇게 자존감이 낮은 사람들이 실패한 뒤 쉽게 포기하는 것은 자기반성에 너무 치우치기 때문이다. 실패한 일보다도 자기 자신에게 집중하기 때문에 객관성을 잃고 주관적인 선택을 하게 되는 것이다. 그들은 큰 실패를 했을 때 바깥세상으로 눈을 돌리지 못하고 외부의 자극에 폐쇄적으로 반응하는 경향을 보인다.

이처럼 자존감이 낮은 사람들은 실패하면 스스로를 보호하려는 성향을 나타낸다. 그들은 어떤 일에 실패하고 나면 위신을 지키기 위해 이득은 아주 적더라도 성공 가능성이 높은 일을 선택한다. 손실을 만회해야 한다는 생각이 크기 때문에 모험을 하기보다는 더 보수적이고 신중하게 행동한다. 명랑하고 과감한 성격은 온데 간데없이 사라지고 우유부단해지며, 낮은 목표에 만족하면서 현재에 안주하게 된다. 이런 현상 때문에 자존감이 낮은 사람들은 자기보호적인 성향을 나타내게 되는 것이다.

자존감이 낮은 사람들이 이러한 성향을 보여주는 가장 큰 원인은 유전이나 성장기의 환경으로 인해 형성된 성격적 특징에서 찾을 수 있다. 그들은 어떻게 하면 남들보다 뒤처지지 않을 수 있는지, 실수하지 않을 수 있는지, 손실을 입지 않을 수 있는지를 제일 먼저 생각한다. 그들이 인생에서 가장 주력하는 것은 남들에게 박수갈채를 받으며 멋지게 사는 것이 아니라, 체면이 깎이지 않고 무시당하지 않는 것이다. 결국 그들이 가장 원하는 것은 안정감이다. 그들은 초식동물처럼 어떻게 하면 다른 육식동물에게 잡아먹히지 않을지에 온 신경이 쏠려 있다. 초식동물의 목표는 누구보다 빨리 달려 최고 기록을 내는 것이 아니라, 무리에서 뒤처지지 않는 것이다. 무리에서 뒤처지면 포식자에게 당하기 때문이다.

이렇게 뒤처지는 것을 두려워하고 경쟁에 과도하게 연연하는 것을 진화의 산물이라고 생각할 수 있다. 진화학자들은 잘못을 저지른 뒤 심하게 자책하는 것은 동물계의 약자들이 가지고 있는 자기보호 본능이라고 주장한다. 동물에게 있어 자기보호는 무엇보다 중요하다. 인간 역시 다 같이 힘을 합쳐야만 대자연의 위협에서 자신을 보호할 수 있었다. 그러므로 집단 안에서 잘못을 저질러 배척당한다면 생존 자체를 위협받을 수 있었다. 집단에서 쫓겨나는 것은 인간에게 있어 사형 판결을 의미했다. 하지만 자발적으로 잘못을 시인하고 자책한다면 집단에서 쫓겨나는 일은 피할 수 있었다.

　자책은 실패에서 교훈을 얻어 실수를 줄이기 위한 방법이기도 하다. 약자를 자처하는 것 역시 이전 세대부터 우리의 유전자에 각인된 생존 전략이다. 평소에 소심하고 겁이 많아 놀림을 당하던 아이가 동네 아이들과 싸우고 집에 들어왔을 때, 자신이 피해자이자 가해자인 아이가 집에 들어오자마자 울음을 터트리는 것 역시 생존 전략이다.

　그런 의미에서 낮은 자존감에도 순기능이 있다고 볼 수 있다. 약자인 척하는 본능은 잠재의식 속에 존재하며, 체험을 통해 저절로 생겨난 것이다. 이런 본능은 인생의 가치에 대해 뚜렷한 주관을 세우지 못하는 성향으로 나타나게 된다. 이러한 성향은 구체적인 능력이나 성품과 관계가 없음에도, 자존감이 낮은 사람들은 자괴감이라는 감정에 사로잡혀 실패와 잘못에 민감하게 반응한다.

　정상적인 자존감을 형성한 혹은 형성 중인 아이들은 잘못을 저질렀을 때 어른에게 꾸중을 듣는 것을 두려워하지만, 자신이 잘못된 아이라는 의식은 하지 않는다. 하지만 자존감이 낮거나 히스테리 성향을 가진 아이들은 심하게 불안해하고 심지어 자신의 가치를 부정하기까지 한다. 그들은 사소한 실수에도 세상이 끝난 것 같은 큰 압박감을 느낀다. 그리하여 신경을 다른 데로 돌리지 못하고 어른들에게 잔소리를 들을 생각에 하루 종일 불안해한다. 이러한 자괴감은 일단 형성되고 나면 색안경과 같은 기능을 한다. 자괴감을 가진 사람들은 어떤 문제든 색안경을 쓰고 바라보고, 자신을 있는 그대로 받아들이지 못한다. 자존감이 낮은 사람들은 자기의 외모, 지능, 재능, 호감도 등이 남보다 떨어지지 않다는 사실을 믿지 못한다. 특히 실패하거나 잘못을 했을 때 자신을 과소평가하고 남들보다 못하다고 생각한다. 하지만 실제로 그들은 자존감이 높은 사람과 마찬가지로 장점과 단점을 모두 가지고 있다.

자존감이 낮은 사람들도 일상생활에서는 자신을 긍정적으로 평가한다는 사실이 여러 연구를 통해 입증되었다. 실패하지 않는 한 그들은 자신이 똑똑하고, 남들에게 호감을 준다고 생각하며, 아무 일도 없이 괜스레 자책하거나 고민에 빠지지 않는다. 하지만 어떤 일에 실패하거나 좌절하면 마음가짐이 180도 달라져 자신감이 끝없이 추락한다. 반면 자존감이 높은 사람들에게는 이렇게 극단적인 감정 기복이 나타나지 않으며, 감정변화가 완만해서 잠시 우울해졌다가도 곧 회복된다.

자존감이 높은 사람이든 낮은 사람이든 명예와 이익에 대한 가치 판단은 거의 비슷하다. 그들 모두 명예와 이익을 추구하고 일의 결과를 중요하게 생각한다. 다만 자존감이 낮은 사람들은 통제감과 자신감이 부족하고 일의 성패에 너무 민감하게 반응하기 때문에 손익이나 사회적 신망에 관계된 일이 닥치면 긴장하고 자신감을 잃어버린다. 그 결과 자존감이 높은 사람들에 비해 감정에너지와 집중력을 더 많이 소모한다. 생각도 많고 걱정도 많으며 성공에 민감하지만, 실제로 명예와 이익을 얻기 위한 행동은 큰 효과를 거두지 못한다.

우리 마음속 깊은 곳에는 자신이 누구인지에 대한 주관적인 판단이 깔려 있다. 다시 말해 자신을 자주성과 활력을 가진 사람이라고 생각하는 것을 생존의 용기와 창의력이라고 부른다면, 이것을 얼마나 가지고 있느냐는 개인마다 차이가 크다. 이러한 차이는 거의 태어날 때부터 생기며, 그것은 인성의 기본적인 차이라고 할 수 있다.

자기 긍정과 스스로 주인이라는 생각이 있어야만 행복을 느낄 수 있고, 좌절로부터 스스로를 보호할 수 있다. 그렇지 않으면 스스로 주인이 되지 못하고 자신을 통제할 권리를 타인에게 넘겨주게 된다. 그렇게 되면 진정한 주체성과 자주성을 상실하고, 환경이 변화하거나 위험해지면 방어할 힘을 잃어버려 초조함과 불안에 휩싸인다.

자아를 진정으로 사랑하고 자기 자신의 주인이 된다는 것은 우리가 상상하는 것만큼 자연스러운 일이 아니다. 그것을 실천하기 위해서는 대단한 용기가 필요하다. 자기 자신의 주인이 된다는 것은 자유와 책임을 의미하기 때문이다.

자기 고양과 자기일관성의 충돌

낮은 자존감을 가진 사람들은 일반적으로 자신의 가치를 실제와는 달리 과소평가한다. 누구보다 성공을 강하게 갈망하지만, 그들은 동기와 욕구를 표현하고 실현하는데 큰 모순을 지니고 있다. 자기 긍정을 하지 못하고 자기 회의에 빠진 듯 행동하면서도 다른 방면으로는 내면 깊은 곳에 권력에 대한 동경과 성과에 대한 강한 갈망이 숨어 있다. 자존감이 높은 사람들보다 성과에 훨씬 민감하고 성과에 연연하는 것은 그러한 이유가 있기 때문이다. 때로는 겉으로 보이는 열등감과 내면의 강렬한 욕구가 대조를 이루며 충돌하기도 한다. 반면에 자존감이 높은 사람들은 겉과 속이 같다. 겉으로 즐겁고 유쾌해 보인다면 속으로도 즐겁고 유쾌하며 성공에 대한 욕구가 충만하다.

사람에게는 두 가지의 다른 동기 체계가 있으며, 이 두 가지가 인간의 행동과 감정에 영향을 미친다. 하나는 자기 고양의 동기이며 다른 하나는 자기 일관성의 동기이다. 사람은 누구나 자신의 이미지를 보호하고, 실력을 향상시키며, 일에서 성공하고, 남에게 호감을 사고 싶다는 열망을 가지고 있기 때문에 자기 고양의 동기에 따라 행동하고 사고한다. 일에서 성과를 내거나 일정한 욕구가 충족된 뒤에 만족감을 느끼는 것은 인간의 두뇌가 진화하면서 생겨난 자연스러운 현상이다. 그렇지 않으면 사람들은 성공을 추구하지 않을 것이다.

자기 고양의 동기는 인간의 본능이다. 자존감이 높든 낮든 누구나 자기 고양을 추구한다. 일의 결과가 좋고, 남에게 인정받으며, 욕구나 목표가 실현되었을 때 만족감을 느낀다. 반대로 일의 결과가 나쁘고 욕구나 목표 달성에 실패했을 때 기분이 가라앉다. 이는 지극히 자연스러운 반응이다. 자기 고양은 인간의 보편적인 가치관으로 성공, 향상, 진보가 있어야 사람들은 자신을 가치 있고 소중한 존재로 생각한다.

성장 과정에서 타인의 평가와 자기 평가로 인해 자기 일관성의 동기가 생긴다. 사람은 현재의 자기 개념을 유지하려는 동기를 가지고 있다. 우리는 자기 일관성의 동기에 따라, 살면서 마주치는 여러 사건을 예측하고 통제함으로써 자연에 적응한다. 자기 개념과 자기 평가가 불안한 사람들은 환경에 적응할 수 없다. 때문에 자기 개념은 일관성과 안전성을 가져야 한다. 이런 안전성이 인지적으로 표출된 것이 바로 '자기기대'이다. 자신이 어떠한 일에 재능이 있고, 그 일을 훌륭히 완수할 능력이 있다고 생각해야 적극적으로 그 일에 나서면 최선을 다할 수 있다. 아무런 기대도 없이 가치 실현을 위해 노력하는 사람은 거의 없다. 축구선수를 꿈꾸는 사람들은 축구에 대한 관심이 있기 때문에 축구를 잘할 가능성이 크다. 그래서 사람들은 자기 평가의 일관성을 혼란스럽게 하는 모든 자극을 위협으로 여긴다.

자존감이 높은 사람들은 자기 고양의 동기와 자기 일관성의 동기가 대부분 일치한다. 그들은 내면 깊은 곳에서 자기 고양과 성공을 갈망하며, 자기 개념이라는 인지 수준에서도 자신이 가치를 실현할 능력이 있다고 믿는다. 실제 행동에서든 인지적으로든 성공을 위해 노력하고 좋은 결과를 거둘 수 있다고 믿는 것이다. 그러므로 그들은 다소 어려운 목표를 세우고, 그것을 실현하기 위한 계획을 세운 뒤 차근차근 실천해 나간다.

그러나 자존감이 낮은 사람들의 내면에는 이 두 가지 동기가 충돌한다. 자기 고양과 자기 일관성 사이에 모순이 나타나는 것이다. 그들도 성공을 바라고, 타인에게 인정받고 싶어 하며, 좋은 결과를 거두면 기뻐한다. 또한 남들에게 비난을 받거나 실패하면 우울해한다. 하지만 자기기대와 자기 평가 측면에서는 스스로를 무능하고, 목표를 실현할 수 없으며, 환경을 통제하지 못하는 인간이라 여긴다. 또한 자신은 장점보다 단점이 많고 남들에게 호감을 주지 못한다고 생각한다. 그들에게 나타나는 이런 내적 충돌은 목표 실현에 걸림돌이 될 뿐만 아니라, 심리적 에너지를 크게 소모하는 결과를 낳는다. 그래서 자존감이 낮은 사람들은 내면 깊은 곳에 있는 자신의 욕구를 발견하지 못한다. 이처럼 자존감이 낮은 이들은 자기 고양과 자기 일관성이 충돌함으로써 욕구가 제때 충족되지 못하면 자신에게 필요한 것이 무엇인지 알지 못한다. 반면에 자존감이 높은 사람들은 자기 내면을 탐색할 필요가 없다. 그들은 자기 평가와 행동을 통해 같은 목표를 추구하기 때문에 남들의 반응에 크게 연연하지 않는다.

자존감이 낮은 사람들은 겸손하고 신중하게 보이지만 자신을 진정으로 이해하지 못한다. 때문에 자존감이 낮은 사람들은 타인의 시선을 과도하게 의식하여 자신이 원하지 않는 직업을 선택하고, 그런 모순에 괴로워하며 심리 건강을 해치는 경우가 많다. 그러니 자존감이 낮은 사람들은 진정한 자아로 돌아가 자신에게 필요한 것이 무엇인지 돌아보아야 한다.

자존감이 부족한 이들에게 자기 고양과 자기 일관성이 충돌함으로써 나타나는 또 하나의 성향은 이익 앞에서 매우 긴장하고 불안해한다는 것이다. 자존감이 높은 사람들은 이익을 논할 때 불안해하지 않는다. 때문에 그들의 행동은 효과적이고, 자신이 원하는 것을 얻는 경우가 많다. 이러한 계산적이고 실용적인 태도는 심리 건강에 더 유리하다.

자존감이 낮은 사람들에게 내면의 충돌은 목표 실현에 걸림돌이 된다. 그들은 자신의 능력을 믿지 못하고, 사교에 자신이 없어 많은 기회를 놓칠 뿐만 아니라, 자아 분석과 평가에 심리적 에너지를 너무 많이 소모한다. 자존감이 높은 사람들은 자아 분석에 오랜 시간과 정력을 쏟을 필요가 없다. 하지만 자존감이 낮은 사람들의 경우 자기 고양과 자기 평가가 강하게 충돌하는데, 이는 목표 실현을 이렵게 만든다. 그만큼 어떤 일에 실패할 가능성도 높아진다. 그리고 실패하고 나면 자기반성을 시작한다. 이러한 자기반성은 내면의 고통을 더 가중시키게 된다.

자기 고양의 동기가 있을 때 사람들은 자기 긍정을 통해 더 좋은 기분으로 일할 수 있다. 여기에도 두 가지가 있다. 첫째는 자기 고양과 욕구 충족을 위해 노력하는 것이고, 둘째는 자아에 대한 위협에 저항하고 성공 가능성을 높이는 것이다. 이 두 가지 모두 자기보호의 동기로 해석할 수 있다. 자존감이 높은 사람들은 자기 고양 전략을, 자존감이 낮은 사람들은 자기보호 전략을 사용한다. 두 가지 전략은 실제 상황에서 각각 다른 행동을 유발하게 한다. 자존감이 낮은 사람들은 자기보호 전략을 주로 사용하다 보니 누가 봐도 성공 확률이 높은 유리한 상황에서도 자신감 부족으로 보수적인 전략을 세운다. 이러한 목표는 실현된다 하더라도 성과가 크지 않고, 성공으로 얻을 수 있는 자부심과 보람도 상대적으로 적다.

물론 자존감이 높은 사람들에게도 문제는 있다. 자신이 처한 환경과 관계없이 높은 목표를 세우거나 과도한 모험을 하는 경향이 있다는 것이다. 실현이 불가능함을 알면서도 높은 목표를 세우는 것은 융통성 없는 행동이다. 그러므로 자존감이 높든 낮든 극단적인 것은 좋지 않다. 중요한 것은 현실적인 환경에 따라 자신에게 가장 이로운 전략과 목표를 세워야 한다는 것이다.

대인관계에서의 자존감의 작용

　사람들은 과거의 경험에서 타인과 교제하는 방식을 배우며, 이것은 일생동안 대인 관계에 큰 영향을 미친다. 그러한 생각은 대인관계에서 필터 역할을 하고, 불확실한 정보를 접했을 때 옳거나 그른 가치관을 작동시켜 정보의 불충분함을 보완한다.

　자존감이 낮은 사람들에게 타인은 초자아의 역할을 한다. 그들에게 타인은 자아를 평가하고, 비판하고, 심지어 공격하는 사람이다. 이러한 자아와 타인에 대한 인식은 대인관계의 모델이 되고, 인간관계를 대하는 기본적인 방식이 된다. 내가 잘못하면 상대는 비판자가 되고, 나는 권력이 없는 반면 상대는 권력을 가지고 있다고 생각하는 것이다. 자존감이 낮은 사람들은 자신을 권력 없고 비천한 존재라고 생각하게 된다. 그뿐만이 아니라 타인과 교제하는 동안 상대의 속마음을 상상하고 결과를 예상하게 만든다. 초기의 경험을 통해 타인과의 접촉 결과를 예상하고, 그 예상에 따라 자신의 태도를 선택하게 된다.

　자존감의 높고 낮음은 사람들이 교제하는 과정에서 느끼는 정서적 반응에도 영향을 미친다. 성장 과정에서 안정감을 얻은 사람들은 자신의 사회적 위치를 긍정적으로 평가하고, 실패한 뒤에도 남들이 자신에게 호의적이고 수용적일 것이라 예상한다. 반면에 자존감이 낮은 사람들은 한 가지 일에서 실패하면 그것으로 인해 남들이 자신을 거부하고 무시할 것이라고 여긴다. 실패가 자존감이 낮은 사람들의 불안을 가중하는 악순환이 나타나는 것이다. 주의력은 다른 곳으로 전이되거나 집중되거나 분산될 수 있다. 누구든 거절당할 가능성에 주의를 집중하면 과도한 경계심을 갖게 되고, 교제의 대상이나 내용에는 신경 쓰지 못하게 된다. 또 주의가 온통 자신의 안전에만 쏠리기 때문에 대인 기피증이나 우울증이 나타나게 된다.

자존감이 낮은 사람들은 자신의 체면이 깎이거나 남에게 거절당할 것을 두려워하기 때문에 거절에 더 민감하게 반응한다. 그러므로 그들은 거절당할 가능성을 더 크게 보며, 남들이 자신을 좋아하지 않는다고 생각한다. 하지만 이러한 주관적인 느낌은 객관적인 사실에 부합하지 않는 경우가 많다. 거절에 민감한 사람들은 거절당하지 않기 위해 자신이 진정으로 바라는 것을 표현하지 않고, 도움이 필요할 때도 요청하지 않으며, 체면을 지키려 한다. 이것은 거절에 민감한 성향을 개선할 수 있는 중요한 단서를 제공한다. 중립적이고 애매한 신호를 부정적으로 해석하지 않고 상대를 신뢰하도록 노력해야 하며, 타인에게 거절당했다면 즉시 내면의 평안을 유지하고 부정적인 감정을 떨쳐버리는 것이 좋다.

자존감과 우울증

우울증은 오랜 시간 지속되어 사람을 소심하게 만드는 심리적 질환이다. 우울증이 찾아오면 사람은 감정적으로 가라앉게 되며, 자신을 비관하게 된다. 때문에 정상적인 생활을 하기 점점 힘들어진다. 우울증을 우리가 알아야 하는 이유는, 현대인의 심리 질환 중 가장 많은 인명 피해를 가져오기 때문이다. 자살자의 70퍼센트 이상이 우울증을 앓고 있었다는 통계 결과가 있듯이, 우울증은 중요한 사회문제 중 하나이다. 더욱 심각한 문제는, 우울증이 현대 인류의 보편적인 심리질환이라는 것이다. 특히 동아시아 지역은 상담치료가 활성화되어 있지 않고, 심리질환에 대한 사람들의 관념이 좋지 않기 때문에 우울증이 있더라도 발견하거나 치료하기가 쉽지 않은 실정이다.

우울증이 발생하게 되는 원인은 두 가지 정도로 볼 수 있다. 하나는 환경의 부정적 영향이다. 자신이라는 가치의 근원을 상실하게 만드는 환경이 우울증을 만드는 것인데, 예를 들자면 사랑하는 이와 이별하거나 일에서 성과를 얻지 못하는 경우가 있을 수 있다.

다른 한 가지는 내면의 심리적 원인이다. 이 원인은 너무나 많은 변인을 가지고 있기에 말하기 어려운 측면이 있지만, 내면의 심리적 원인으로 우울증이 발병한다기보다는 외부적 요인과 내면의 원인이 결합되어 우울증을 만들어내는 경우가 대부분이다.

우울증은 낮은 자존감과 밀접한 상관관계를 가지고 있다. 동일한 부정적 환경에서도 자존감이 낮은 이들은 더 쉽게 우울해진다. 자존감이 낮은 사람들은 자존감에 전제조건을 두며 평균 이상의 자기가치감을 가지고 있지 못하다. 때문에 성공의 기준에 도달해야 타인의 관심과 사랑을 받을 수 있다고 생각한다. 이러한 조건부 가치에는 두 가지가 있다. 하나는 대인관계에서 가치를 찾는 것이다. 이러한 성향을 가진 사람들은 무엇을 성취해야만 자신이 가치 있는 사람이라 여긴다. 자신의 능력이 어떠한 기준에 도달해야 하며, 반드시 성공을 거두어야만 의미 있는 인생이라고 생각한다. 목표나 기준에 이르지 못하면 스스로를 무능하다고 자책하고 수

치스러워한다. 대인관계에서 가치를 찾는 사람들은 배우자의 사망이나 동료의 변절 등에 우울함을 느끼며, 성취에서 가치를 찾는 이는 성과나 소득에서의 불이익이 있을 때 우울함을 느낀다.

낮은 자존감은 우울증의 인지 내용과 관계가 깊다. 우울증 환자들은 인지와 자기 평가에서 자존감이 낮은 사람들과 비슷한 성향을 나타낸다. 반대로 자존감이 낮은 사람들의 자괴감과 자기비판 등의 성향은 우울증의 심리적 증상과 유사한 측면이 있다. 잘못된 인지구조가 심리적 상태를 주도함으로써 자신과 환경을 왜곡하여 인지하도록 만드는 것이다. 우울증 증세를 보이는 사람들은 자신의 경험이나 미래를 부정적으로 바라본다. 그들은 자신을 둘러싼 환경을 해석할 때 부정적인 부분에 과도하게 집중하는 성향을 보인다. 우울증은 바로 이런 자아 왜곡과 부정적인 인지 도식에 기인하는 것이다.

우울증은 여러 가지 증상으로 나타난다. 예전에는 기분 좋게 느끼던 사물이나 활동에 더 이상 흥미를 안 보이거나, 웃긴 사진과 영상에 반응하지 않는 것이 대표적이다. 그리고 타인과의 교제에서 위축되고, 자살 충동을 느끼며, 대인관계를 기피한다. 신체적으로 피곤하고, 두통과 위통 등의 통증이 나타나며, 수면장애를 겪기도 하고 체중감소, 신체적 반응속도 감소 등의 증세가 나타난다.

우울증 환자들은 자존감이 낮은 사람들과 마찬가지로 자기가치감이 부족하다. 세상의 다채로움을 경험하고 반응하기보다는 특정한 한 가지 일에 대한 성과로 인생의 가치를 찾는다. 한 가지의 일에 과도하게 집중하기 때문에 그 일의 성패가 자신의 존재가치를 결정한다고 생각한다. 또한 우울증 환자들과 자존감이 낮은 이들은 자신의 능력을 과소평가하고 자기부정이 심하다. 자신이 타인에게 호감을 주지 못하며, 게으르고 무가치한 사람이라고 생각한다. 이러한 생각이 계속되면서 공격적인 자아 폄하 현상이 발생하게 되며, 자아가 무너지고 정신적인 자학을 계속하게 되는 것이다.

이러한 증세를 안고 있기 때문에 우울증 환자들은 미래를 비관적이고 절망적으로 생각하는 성향을 보이는데, 어떤 일을 하든 결국 자신이 실패할 것이라고 여긴다. 적극적으로 자기계발을 하고자 하는 사람들과 달리 소극적으로 행동하는 것은 이러한 성향이 자아의 내면에 깔려 있기 때문이다. 이들은 자신이 실패하는 원인을 자신의 능력이나 노력 부족 등으로 생각하며, 실패를 영원한 것으로 생각한다. 그리고 자신의 실패에 대한 자기반성과 자아 분석, 자기 평가에 과도하게 집중하고 타인의 시선과 평가에도 과도하게 집착한다. 그들은 이런 부정적인 기억을 쉽게 기억하고 그러한 일에 우선적으로 반응한다. 그리고 부정적인 자기 평가가 부정적인 정서와 행동을 유발하고, 후자가 다시금 전자를 촉진하는 악순환 현상이 우울증의 근본적인 문제점이다. 때문에 우울 증세를 완화시키기 위해서는 인지적 영역에서 관점의 전환이 반드시 필요하다.

우울증 환자들은 대부분 자존감이 낮다. 하지만 낮은 자존감은 우울증을 유발하는 간접적인 원인일 뿐, 직접적인 원인은 아니다. 자존감이 낮은 사람들은 대부분 자신감이 부족하고 스스로를 약자라고 생각하지만, 그들이 반드시 우울증을 앓는 것은 아니다. 그들은 남들보다 즐거운 일이 적기는 하지만 일에서 성과를 거두기도 하고, 정상적인 조직을 운영하며 생활하기도 한다. 이들은 낮은 자존감을 극복하기 위해 노력하기도 한다.

반면 우울증 환자들은 자아에 대한 긍정적인 생각도 가지고 있으며, 중요한 분야에서 자신의 능력을 높게 평가하기도 한다. 우울증이 경미한 경우에는 특히 그렇다. 자신이 부자이거나 유능하다는 사실을 알고 있기도 한다. 그럼에도 불구하고 자신의 인생이 암담하다고 느낀다.

우울증과 낮은 자존감은 서로 영향을 주고받는 관계에 있다. 낮은 자존감으로 인해 기분이 더 안 좋아지고, 그 결과 우울 증세가 심해질 수 있으며, 우울감이 자존감을 더욱 낮게 만들어 자신을 부정적으로 바라보게 만들 수 있다. 기분이 저조할 때 사람들은 합리적인 것처럼 보이는 생각으로 자신을 포장하려는 경향을 보이는데, 이때 발견할 수 있는 특성이 낮은 자존감이다. 또한 원래는 자존감이 낮지 않았으나 우울증으로 인하여 자존감이 낮아지고 행동이 위축되는 경우도 볼 수 있다. 부정적인 기질이 우울증을 유발하는 것이 아니라 우울증이 부정적인 기질을 유도하는 것이다. 그러므로 부정적인 기질은 우울증에 수반되는 한 가지 증상일 뿐이다.

우울한 사람들은 자존감이 낮은 사람들과 마찬가지로 불안한 자기가치를 보호하기 위해 자신보다 낮은 위치에 있는 이들과 비교하려는 경향을 보인다. 타인을 과소평가함으로써 자기 고양을 하고자 하는 자기방어기재가 작동하는 것이다. 일반인들은 타인을 객관적이고 정확하게 평가하며, 타인도 그들을 동일하게 평가할 수 있다. 하지만 우울한 사람들에게는 이런 대등한 관계가 성립하지 않는다. 그들은 여러 분야에서 타인을 낮게 평가하는 반면,

타인은 그들을 높이 평가한다.

우울증과 낮은 자존감의 관계에 대해 연구한 바에 따르면, 일반적으로 인식과 달리 우울증 환자들은 자신에 대한 부정적인 생각으로 가득 차 있거나 하루 종일 자책하고 가끔씩만 기분이 좋아지는 행태를 보이지 않는다. 우울한 사람들도 기분 좋을 때가 있다. 단지 그 시간이 일반인들보다 약간 짧을 뿐이다. 누구나 일상생활에서 짧게나마 우울한 생각하는 것처럼.

그러므로 우울증의 예방과 치료는 환자의 긍정적인 심리를 자극하고 확대하는데 초점을 맞추어야 한다.

높은 자존감의 맹점

높은 자존감의 장단점

자존감은 두 가지 기능을 가지고 있다. 하나는 내면의 통합력과 안전성을 형성하여 익숙하지 않은 상황에 맞닥뜨렸을 때 평정심을 찾고 다시 평소의 자신으로 돌아오게 하는 것이다. 다른 한 가지는 대인관계를 반영하고 조절하는 것이다. 타인에게 보이는 자신을 만들어가는 것은 자존감이다. 자존감이 낮은 사람들의 겸손도, 높은 사람들의 자신감도 대인관계가 자신에게 유리해지도록 만들기 위한 인격 가면이다. 자신을 낮추면 타인의 공격을 피할 수 있고, 자신을 내세우면 타인에게 호감을 얻거나 존중받을 수 있다. 자존감이 높든 낮든 나름의 장점이 있다는 것이다.

지금까지는 높은 자존감과 낮은 자존감이 가지고 있는 심리적 기능의 차이에 대해서 주로 이야기했다. 높은 자존감은 많은 부분에서 강점을 가지고 있다. 전체적으로 볼 때 높은 자존감은 행복을 높이는데 도움이 된다. 한마디로 자존감이 높은 사람이 더 행복하다. 높은 자존감은 행복지수와 정비례 관계를 보였기 때문이다. 또한 높은 자존감은 우울함과 초조함을 극복하는데 도움이 된다. 때문에 실패와 충격을 견뎌내는 힘이 강하다. 자신에 대한 긍정적인 평가가 객관적인 것은 아닐지라도, 그것은 미래의 불확실성으로 인해 찾아오는 초조함을 극복하는데 도움이 된다. 그리고 높은 자존감은 대인관계를 원만하게 만든다. 자존감이 높은 사람들은 타인을 신뢰하고 긍정적으로 바라본다. 거절에 딱히 민감하게 반응하지도 않고, 질투하지 않는다.

하지만 높은 자존감이 장점만을 가지고 있는 것은 아니다. 자존감이 높은 사람들은 공격적인 성향이 강하다. 타인에게 지적을 당하면 반성하기보다는 지적한 사람에게 반격하는 경우가 많다. 높은 자존감은 자기감을 양호하게 유지하는데 도움이 되지만, 타인에게 상처를 주기도 하는 것이다. 그래서 자존감이 높은 사람들은 위협을 받으면 타인의 사정은 생각하지 않고 자기중심적으로 행동하는 성향이 있다. 또한 자존감이 높은 사람들은 호감을 얻기는 쉽지만 이를 유지하는데 어려움을 겪는다. 그들은 타인이 자신을 좋아한다고 생각하지만, 실제로는 그렇지 않은 경우도 많다. 다시 말해 자존감이 높다고 그가 반드시 좋은 사람이라는 뜻은 아니며, 그가 자기 자신을 좋은 사람이라고 여기는 것일 뿐이다. 그리고 자존감이 높은 사람들은 주변 사람들의 태도나 반응을 주의 깊게 관찰하지 못하고 고려하지 못하는 경우가 많다. 그리고 자신의 매력과 경쟁력에 대해 의심하지 않기 때문에 자신은 특별한 대우를 받아야 한다고 생각한다.

높은 자존감 자체는 나쁜 것이 아니다. 스스로 가치 없는 사람이라고 생각하는 것보다는 가치 있는 사람이라고 생각하는 편이

나으며, 자신의 통제력을 믿는 것이 믿지 않는 것보다 낫다. 또한 자기 목표를 확신하는 것이 의심하는 것보다 낫다. 하지만 자존감이 행복을 결정하는 유일한 요건은 아니며, 사람의 운명을 변화시키는 필수적인 요소인 것도 아니다. 자존감은 행복과 마찬가지로 심리 활동의 결과로, 다른 힘에 의해서 나온다. 그것은 결과이지 원인이 아니다.

자존감이 높든 낮든 겉으로 표출되는 심리적 특성에는 장단점이 모두 존재한다는 사실이 많은 연구를 통해 입증되었다. 그러므로 이런 지표를 가지고 자존감이 높거나 낮다고 판단하는 것으론 인간의 행위를 정확하게 해석할 수 없다. 너무 맹신할 경우 오히려 혼란만 일으킬 것이다. 자존감에서 가장 중요한 것은 긍정적인 자기감이 아니라 이런 자기가치가 개인에게 무엇을 의미하는지에 있다. 자존감의 근원이 어디에 있고, 그것이 개인에게 실질적으로 어떤 영향을 미치는지 정확하게 알아야만 자존감이 긍정적인지 부정적인지, 건강한지 건강하지 않은지 판단할 수 있다.

낮은 자존감의 장점

앞서 낮은 자존감의 단점에 대해 주로 이야기했지만, 그것이 아무런 역할을 하지 못하는 것은 아니다. 만약 낮은 자존감이 아무런 역할도 하지 못한다면 인류가 진화하는 과정에서 우리의 유전자 속에 특성으로 보전되지 못했을 것이다. 높은 자존감도 단점을 가지고 있는 것과 마찬가지다. 결국 중요한 것은 자존감이 무엇을 바탕으로 하고 있고, 그것을 지지하는 동기와 의의가 무엇인가 하는 것이다.

낮은 자존감은 때로 자신을 필요 없는 존재라 여기게 만든다. 하지만 장기적이고 심리 진화적인 측면에서 보면 낮은 자존감에서 기인한 심리적인 고통은 객관적인 이익으로 상쇄될 수 있다. 낮은 자존감도 순기능을 가지고 있는 것이다. 자신을 낮추고 신중하게 행동하는 사람들은 타인의 눈에 잘 띄지 않으므로 질투나 공격의 대상이 될 가능성이 적다. 또한 그들의 겸손함은 생각 이상으로 다른 사람들의 호감을 사기 쉽다. 사람들은 필요 이상으로 그들을 경계하지 않으며 때문에, 그들이 어려워할 때 도와주는데 주저하지 않는다. 그들은 타인보다 많은 책임을 지는 리스크를 피할 수 있으므로 큰 부담을 가지지 않아도 된다. 진화학적인 관점에서 볼 때, 환경의 변화에 더 쉽게 적응하며 자신을 지킬 수 있다는 점은 낮은 자존감의 장점이다. 사실 자존감이 낮은 사람들이 반드시 비효율적인 것은 아니다. 성과는 지능, 노력 등에 의해 결정된다. 자존감이 성패에 영향을 미치는 것은 복잡한 문제이기 때문이다.

자존감이 높든 낮든 각각의 장단점이 있다. 상황에 따라서 높은 자존감이 유리할 때도 있고 낮은 자존감이 유리할 때도 있는 것이다. 자존감이 낮은 사람들은 보통 자기 능력을 의심하고 타인이 자신을 좋아하지 않을까 걱정한다. 그런데 이러한 소심함은 타인을 배려하는 장점으로 나타날 수 있다.

자존감이 높고 낮음은 한 사람의 인생을 결정할 수 있는 요인이 아니다. 기분이 좋고 나쁨처럼 성격이나 인격의 유형일 뿐이다. 부정적인 생각이 행복을 느끼지 못하도록 방해할 때도 있지만, 생존의 측면에서는 환경에 적응하는데 더욱 효과적이다. 때문에 부정적인 느낌을 수용하고 그 뒤에 숨겨진 긍정적인 의미를 이해해야 한다.

불안정한 자존감

자존감이 높은 사람들은 상사 앞에서 겸손하게 행동하더라도 자신을 비하하지 않고 자신을 매우 가치 있는 사람이라고 생각한다. 개중에는 상사가 자신보다 단지 높은 위치에 있을 뿐 자신과 똑같은 인간이라고 여긴다. 반면 자존감이 낮은 사람들은 겉으로도 공손할 뿐만 아니라 속으로도 몹시 긴장하면서 상사가 인격적으로나 능력적으로나 자신보다 훌륭하다고 생각한다. 이러한 판단은 객관적인 기준이 아닌 주관적인 느낌이다.

지금부터 필자는 높은 자존감과 낮은 자존감의 차이뿐만 아니라 조건부 자존감과 진정한 자존감, 그리고 자존감의 바탕이 부모 자식 간의 안정애착인지 부모의 통제인지 등 다양한 기준을 가지고 자존감을 바라보는 관점에 대해서 이야기하고자 한다.

높은 자존감도 그것이 어떠한 기능을 하는지, 무엇을 바탕으로 하는지, 목표는 무엇인지에 따라 두 가지로 나눌 수 있다. 하나는 건강하고 높은 자존감이다. 이런 자존감은 자주적이고 안정적이며 실력 향상을 추구한다. 그것은 개인의 기본적인 욕구가 충족된 진정한 자기만족감이자 자기가치감이다. 다른 하나는 건강하지 못한 높은 자존감으로, 허영심과 외적인 명예와 이익을 추구하며, 불안하고 자기중심적이다. 이런 자존감을 가지고 있으면 불안정하고 취약한 자아를 보호하기 위해 자신을 과대평가하게 되는데, 그 뒤에 숨어 있는 진정한 동기는 낮은 자존감이다. 그러나 겉으로는 높은 자존감과 비슷한 형태로 표출되기 때문에 가장된 자존감이라 불리기도 한다.

가장된 자존감을 가진 사람들은 대부분 겉으로는 자신만만하게 보인다. 그들은 자기감이 양호하고, 부정적인 면은 감추고 긍정적인 면만 보여준다. 그들은 스스로에게 만족하는 것 같지만, 타인에게는 이상하게 보이는 경우가 많다. 그들은 타인 앞에서 자신을 과장해서 자랑하고, 자신의 단점 등에 대해서는 이야기하기를 꺼린다. 하지만 반대의 경우에는 그렇지 않다. 타인의 약점에 대해 이야기하는 것을 꺼리지 않는다. 이렇게 행동하는 이유는, 상대가 자신을 대단한 사람이라고 생각하게 만들기 위함이다. 이들은 자존감을 지키기 위해 이러한 행동을 하는 것이다.

가장된 자존감을 가진 사람들은 자신이 교제할 가치가 있는 사람임을 보여주기 위해서 거짓말을 한다. 그들의 자기 자랑은 시간과 장소를 가리지 않기에 상대방은 무척 난감하고 어색하다. 이들의 자기과시는 사실을 바탕으로 한 것이 아니기에 과정에 대한 묘사나 감정이입이 부족하다. 온전히 허풍이기 때문이다. 또한 가장된 자존감을 가진 사람들은 평등하고 우호적인 태도로 타인을 대하지 못한다. 그들은 모든 타인이 자신의 관객이라고 생각한다. 그들은 타인의 권리, 자존감, 이익을 무시한다. 이들은 일에 실패했을 때 남 탓을 하며, 책임을 미룬다. 타인을 책망함으로써 괴로움을 떨쳐내는 것이다.

가장된 자존감을 가진 이들은 자존감이 낮다. 그들에게 있어 중요한 목표는 자신의 사존삼을 지키는 것이다. 그들의 자존감은 취약하고 불안정하다. 그들은 남들에게 자신이 얼마나 훌륭한 사람인지 보여주기 위해 일하는 것일 뿐, 진정한 욕구 충족에는 관심이 없다. 겉보기에는 즐겁고 자신감 넘치는 사람이지만 속으로는 초조해 한다. 그들의 유쾌함은 불안정하며 타인의 존중과 찬사에 의존한다.

그렇다면 한 가지 의문이 생길 것이다. 불안한 자기가치감을 보호하겠다는 동기는 같은데 왜 자존감이 낮은 사람들은 자책, 자학 등의 방식으로 문제에 대응하고 가장된 자존감을 가진 사람들은 고집스럽게 자신을 보호하고 과대 포장을 하는 것일까? 그 이유는 사람들의 타고난 기질 때문이다. 가장된 자존감을 가진 사람들은 반항적인 기질을 가지고 있다. 그들은 천성적으로 용감하고 반항적인 경우가 많다. 이러한 기질을 가진 아이가 온화하고 민주적인 부모 밑에서 자라면 안정적이고 자주적인 사람으로 자라게 된다. 하지만 이런 아이가 엄격하고 폭력적이며 억압적인 방식의 교육을 받는다면 결과는 달라진다.

아이가 반항할 때 부모가 고압적인 태도를 보이면 아이의 반항심을 부추기고, 아이는 부모를 미워하게 된다. 부모의 꾸중과 억압은 아이를 순종적으로 만들 수 없을 뿐 아니라 아이에게 부모에 대한 부정적인 이미지를 심어준다. 이러한 반항심을 바탕으로 형성된 높은 자존감은 비판과 처벌에 저항하기 위한 것이지 진정한 자존심이 아니다. 과대망상, 우울함 등으로 자신을 생각하게 되면 진정한 자주성, 안정적인 자신감, 긍정적인 가치관을 발휘할 수 있는 능력 등을 갖추지 못하는 것이다. 반항심에 바탕을 둔 높은 자존감은 약하고 불안정한 자신을 보호하기 위한 몸부림일 뿐이다.

이들은 자아에 대한 감정과 만족도가 자존감이 낮은 사람들에 비해 높지만, 이들 역시 대인관계에서는 부적응성을 드러낸다. 타인과 친해지지 못하고, 실패한 뒤에도 자기 성찰을 하지 않아 교훈을 얻지 못한다. 또한 자신보다 높은 위치에 있는 사람들과 원만한 관계를 맺지 못하고 타인에게 반감을 사거나 소외당한다. 그러므로 긍정적인 자기가치감 자체가 인생의 목표가 되어서는 안 되며, 가장된 자기가치감으로 스스로를 속여서도 안 된다. 그것은 불안하고 타인과 맞서는 감정이기 때문이다. 진정한 내면의 본심으로 돌아가 가치 있는 인생 목표를 추구하고, 남들과 진정한 유대 관계를 맺어 자신의 잠재력을 충분히 발휘할 수 있도록 노력해야 한다.

조건부 자존감의 실체

조건부 자존감은 외부의 정의를 기준으로 그것에 도달했다고 판단될 때만 자신의 가치를 인정하는 것이다. 이런 자존감을 가진 사람들은 경쟁에서 이기거나 타인의 부러움을 사는 등 외적인 목표를 달성한 경우에만 자신을 긍정적으로 평가한다. 이들의 자기가치는 특정 분야에서 성공하느냐에 따라 좌우되며, 실패했을 경우 이들은 큰 고통을 느낀다.

조건부 자존감은 불안정하고 취약하다. 이런 자존감을 가진 사람들은 성과를 달성하면 기뻐하지만, 그렇지 않으면 금세 슬퍼한다. 오늘의 승리가 내일의 승리를 보장해주지 않는다는 말처럼 매일 성과가 좋을 수는 없다. 그러므로 자신의 가치를 외부의 목표에 두는 것은 매우 위험하다. 목표 실현 여부에 따라 정서 기복이 심하면 심리 건강에 이롭지 않다. 조건부 자존감은 정서의 기복을 심화시켜 개인을 괴롭힌다. 이러한 고통을 줄이기 위해 사람들은 타인들이 부러워하는 목표를 내면화하려고 애쓰거나, 취약한 자존감을 보호하기 위해 외적인 명예에 더 집착하기도 한다.

하지만 정상적인 자존감을 가진 사람들은 자신의 가치를 내재적이고, 근본적이며, 자기만이 가지고 있는 고유의 가치감에서 찾는다. 진정한 자존감은 일의 성패에 흔들리지 않고 안정적이다. 물론 성공하면 긍정적인 체험을, 실패하면 부정적인 체험을 한다는 사실을 부정하는 것은 아니다. 하지만 진정한 자존감을 가진 이들은 자기가치감을 바로 자신의 내부에서 찾기 때문에 특정한 일의 성과에 따라 영향을 받지 않는다. 진정한 자존감의 심리적 기초는 개인의 통합성과 주체성과 자주성이다. 때문에 진정한 자존감을 가진 이들은 타인과 환경의 영향을 받지 않는다.

살다 보면 누구나 이익, 명예, 외모 같은 현실적인 문제와 마찰을 겪게 된다. 정도의 차이는 있지만, 사람은 물질적인 이익을 추구하며 살아가야 한다. 이때, 동기와 추구하는 목표에 따라 사람들을 구분할 수 있다. 같은 일을 해도 어떤 사람은 안정감을 가지고 내재적인 가치에 따른다. 예를 들어 똑같은 사업가라도 이익의 극대화를 목적으로 하는 사람이 있고, 의지와 신념을 가지고 조직을 이끌어 가는 사람이 있다. 후자는 자기 내면의 가치감과 신념을 돈보다 중요하게 여긴다. 정확하게 말하면 그들은 진정한 신념과 가치를 가지고 일하기 때문에 기본적인 윤리를 어기지 않고 만족과 기쁨을 추구한다. 하지만 불안한 허영심을 가진 사람들은 오로지 성과를 찾기 위한 생각만 가지고 있다. 이들은 일의 결과에 따라 감정이 수시로 바뀔 만큼 정서적으로 불안하다. 일이 잘되면 자존감이 올라가고, 그렇지 않으면 내려간다. 또한 자기보다 못한 사람을 보면 자존감이 올라가지만, 나은 사람을 보면 내려간다.

조건부 자존감을 가진 사람들은 대체로 허영심이 강하다. 그들은 일을 하는 과정 자체에 집중하지 못하고, 일의 목표와 의의를 중요하게 여기지 않는다. 그들의 유일한 관심은 남들의 갈채와 환호뿐이다. 그들이 기울이는 모든 노력도 명예와 남들의 감탄과 부러움을 얻기 위한 것이다. 그들에게 가장 큰 이상은 세상 모든 사람이 자기 발밑에 있는 것이다. 이러한 사람들은 외적인 기준과 관계된 가치를 중시하는 경향이 있다. 그들은 우월한 성과와 능력을 갖춰야만 자신의 가치를 증명할 수 있다고 생각한다. 그리하여 그들은 그런 것의 득실에 과도하게 집착하면서 부담감과 긴장감을 안고 산다.

조건부 자존감이 환경의 변화에 취약하고 불안정한 이유는 그것이 진심이 아니기 때문이다. 조건부 자존감은 외부에서 주입되기 때문에 자신에게 정말로 필요한 것과 마음속 진심을 반영하지 못한다. 그 근원이 불분명하기 때문에 심리적으로 건강하지 못한 상태가 보이는 것이다. 이러한 조건부 자존감은 자아의 가치감이 불안정하기 때문에 외부 요인에 쉽게 흔들리며, 개인의 진실한 의도와 가치를 반영하기 어렵고, 완벽해야 한다는 사실에 사람을 목매개 한다. 반면 건강한 자존감은 이와 반대되는 특징을 가지고 있다.

자존감의 근원이 다르면 개인에게 작용하는 바도 다르다. 조건부 자존감을 가진 사람은 자존감이 높든 낮든 자신의 완벽한 이미지와 긍정적인 자아를 보호한다. 그들의 인생 목표는 자신의 단점을 감추는데 있다. 반면 건강한 자존감을 가진 사람들은 자신의 기본적인 욕구를 만족시키기 위해 노력하며, 실력을 기르고 좋아하는 일을 하려고 한다. 그들은 자신이 완벽하지 않다는 사실은 물론, 살면서 마주하는 힘든 일도 자연스럽게 받아들인다. 또한 체면을 지키기 위해 일부러 애쓰지도 않는다. 반면 조건부 자존감을 가진 사람들은 매사에 두려워한다. 그들이 자기가치감에 집착하는 것은 내면이 불안정하기 때문이다.

조건부 자존감이 탄생하는 이유는 부모나 선생의 잘못된 교육 방식에 있다. 어떤 분야에서 성공하고 일정한 기준에 도달해야만 가치 있는 사람으로 존중받을 수 있다는 인식을 주입했기 때문이다. 이러한 일이 반복되면 내면화가 시작되고 조건부 자존감을 가진 사람이 탄생하게 되는 것이다. 부와 외모를 중시하는 미디어와 매체도 조건부 자존감을 심화하는 중요한 요인이다. 방송에서 부자나 아이돌의 사치스러운 생활을 과도하게 방영함으로써 사람들의 불안감과 비교 심리를 부추기기 때문이다.

반면 진정한 자존감은 조건 없는 관심과 사랑을 통해 형성된다. 아이에 대한 사랑은 성공 여부나 부모의 기대와 결부되어서는 안 되며, 아이의 관심과 적성, 건강한 삶을 위한 것이어야 한다. 그래야만 자주성을 가지고 성장할 수 있으며, 환경이 바뀌어도 자기가치감을 유지할 수 있다. 이러한 방식으로 성장하면 자존감에 큰 관심을 가지지 않고, 타인이 자신을 좋아하는지 아닌지 의심하지 않으며, 주체성을 가지고 진정으로 자신이 원하는 삶을 살 수 있다. 이처럼 심리적 본질은 안정감이나 진정한 자존감과 관련이 있다. 이런 이들은 자신이 진정으로 원하는 것이 무엇인지 알고 그에 따라 결정을 내린다. 또한 의지가 강하고, 명확한 목표를 추구하며, 정서적으로 안정되어 있어 쉽게 초조해 하지 않는다. 그들의 목표는 명예나 이익이 아니라 개인의 성장에 초점이 맞추어져 있다. 그들은 외부환경에 관심이 많으며 자아에 과도하게 집착하지 않는다.

행복은 생활 만족도와 정신적 행동으로 나눌 수 있다. 전자는 긍정적인 정서, 후자는 심리의 기능 및 상태와 관련이 있다. 일반적으로 자존감이 높으면 생활 만족도가 높지만, 정신적 행복까지 높은 것은 아니다. 정신적 행복은 심리적 본질이 충족되고 자존감이 높아야만 느낄 수 있다. 단순한 욕구나 허영심의 충족은 긍정적인 정서를 갖는데 도움이 되기는 해도, 그것이 내면의 진정한 행복을 의미하지는 않는다. 행복을 느껴도 그것이 지속되기 어렵다는 의미이다. 지속적인 행복을 얻으려면 자기 내면의 정신세계로 들어가 잠재력과 가치를 실현해야 한다. 용기와 진심을 가지고 자신을 대하는 것, 이것이 바로 심리건강과 행복을 얻는 전제 조건이다.

자존감 문제 해결방법

자존감에 대한 갈등

자존감은 타인과의 비교이자 자신의 사회적 지위와 사회계층에 대한 주관적 표현이다. 환경에 적응하고 살아남기 위해 오랫동안 진화하면서 사회적 지휘는 개인의 운명이나 인생을 대하는 태도, 삶의 궁극적인 목표를 좌우하는 중요한 요소가 되었다. 때문에 사회적 지위에 대한 주관적 감정인 자존감은 한 사람의 인생에서 매우 중요한 의미를 가진다. 자존감과 관련된 문제는 우리에게 혼란을 일으키기도 한다. 일례로 살인범 중에는 자존감 장애를 안고 있는 경우가 많다. 자존감 장애가 살인의 원인이 되기도 하는 것이다.

개인 간의 격차가 점점 벌어지는 사회이지만, 사회가 발전함에 따라 사회적 복지나 보장 제도도 확대되는 추세다. 이제는 누구나 생존을 위한 기본 욕구를 만족시킬 수 있다. 때문에 타인과 나의 비교를 통한 만족은 생존의 문제가 아니라 정신적인 만족감이나 체면상의 문제가 되었다. 그럼에도 많은 이가 자존감에 연연하고,

그 문제로 고민한다. 이는 사람들을 불행하게 만드는 중요한 요인이다.

자존감을 높이고자 하는 행동에 대한 부작용

자존감이 낮은 사람들은 심리적으로 괴로움을 안는다. 리더가 되어 자신감이 넘치는 태도로 남을 이끌어 보고자 하는 욕구를 충족하는 것은, 때로는 인생의 목적이 되기도 할 정도로 강렬한 욕구이기 때문이다. 그러나 높은 자존감을 추구하는 것은 매우 위험한 일이며 실패할 가능성 또한 크다. 높은 자존감을 추구할수록, 오히려 자존감이 더 낮아질 수도 있다. 낮은 자존감은 복잡한 환경과 심리적 요인이 함께 작용해서 형성되기 때문에, 높은 자존감의 특징을 모방한다고 바뀌지 않는다. 높은 자존감은 자기가치에 대한 긍정적인 감정이자 자아에 대한 호감일 뿐이며, 자존감의 높고 낮음은 전혀 중요하지 않다. 중요한 것은 자존감이 어디에 바탕을 두고 있고, 어떤 심리적 기능을 발휘하는지에 있다. 다시 말해 자존감의 성질과 의의, 어떤 목적에서 그것이 필요하고 또 어떻게 사용할 것인지가 가장 중요하다는 것이다.

자존감이 낮은 사람들은 성공하면 초조함을 느끼고 자아에 더 관심을 갖는다. 하지만 자아에 대한 과도한 관심은 타인과의 교제를 방해하는 걸림돌이 된다. 오로지 자신에게만 주의를 집중함으로써 타인과의 협력에는 소홀해지기 때문이다. 또한 외적인 기준에 연연하면서 그것에 도달하지 못할까 봐, 혹은 자신의 성과가 남들의 기대에 부응하지 못할까 봐 걱정한다. 자존감이 낮은 사람들은 성공했을 때 이상적인 기준을 가지고 자신을 바라보는데, 이성적인 기준과 현실의 자신 사이에 있는 격차에 예민하게 반응한다. 자존감이 낮은 학생들은 시험 성적이 우수하면 무의식중에 자신이 사교성이 부족하다고 생각하고, 수학시험에서 높은 점수를 얻으면 낮은 언어 성적을 생각한다. 아무리 좋은 결과가 나와도 더 높은 이상과 자신을 비교하며 괴로워한다. 성공이 오히려 그들을 비교라는 악순환 속으로 미는 것이다. 또한 자존감이 낮은 사람들은 거울을 보며 남에게 호감을 주지도 못한다며 괴로워한다.

　이런 자기 평가는 실력향상을 위해 노력하도록 만드는 순기능이 있다. 하지만 부정적인 영향도 적지 않기 때문에 남용해서는 안 된다. 자아에 몰두하여 자기 평가에만 과도하게 집착한 나머지 현실적인 문제 해결에 소홀해지는 것이다. 안정적이고 건강한 심리를 가지고 있는 사람들은 스스로 욕구 충족과 실력향상을 추구한다. 그들의 행동에는 내면의 진정한 욕구가 반영되어 있다. 그래서 자기 평가는 그들에게 그다지 중요하지 않다. 자신과 이상적인 자아 사이에 있는 차이를 계속 걱정하는 것은 인생을 자주적으로 살아가는데 아무런 도움이 되지 않는다. 외적인 기준에 집착하는 한, 아무리 성공해도 자존감을 끌어올릴 수 없다. 자존감은 개인의 성격이나 기질에서 영향을 받기 때문이다. 사람마다 타고난 기질에 따라 자존감의 안정도나 높고 낮음에 차이가 있으며, 타고난 기질은 쉽게 바뀌지 않는다. 자존감이 높은 사람들을 아무리 따라 해도 낙관적인 성격을 타고나지 않았다면 자존감을 끌어올릴 수 없다. 자존감이 사람의 행동을 결정한다기보다는, 환경이 자존감을 좌우한다고 보는 것이 더 정확하다. 그러므로 자존감을 향상시키기 위한 노력은 효과를 보기 어렵다.

높은 자존감을 추구한다는 것은 자신이 하고 있는 일에 많은 의미를 부여하고 있음을 의미한다. 높은 자존감에 집착하는 이들에게 성공은 단순히 일의 성패에만 국한된 것이 아니라 자신의 가치를 증명하는 것이다. 그런데 성공에 너무 많은 의미를 부여하는 것은 위험하다. 실패할 경우 열등감으로 이어지기 때문이다. 자신이 중요하게 생각하고 노력하는 분야에서 성공하면 긍정적인 감정이 강해지지만, 반대로 실패하면 부정적인 감정에 압도당해 버린다. 성공에 집착할수록 실패가 두려워지기 때문이다. 그러니 수행하는 일에 너무 많은 의미를 부여하지 않는 것이 좋다. 한쪽으로 치우쳐 모든 에너지를 쏟아 붓는 것은 그만큼 위험한 것이다.

높은 자존감을 추구하고 타인에게 인정받고 싶어 할수록 스트레스도 커진다. 실패하면 타인에게 비웃음을 살 수 있기 때문이다. 자신을 과대평가하고, 남들의 부러움을 받고 싶어 하는 것은 특정한 일의 결과에 자신의 존재 의미를 두기 때문이다. 외적인 목표를 완수해야 한다는 강박 관념은 스트레스를 불러온다.

진정한 심리건강은 자주성에서 나온다. 자신이 진정으로 원하는 것을 인생의 목표로 삼고 자유롭고 주도적으로 실현해 나갈 때 비로소 건강한 심리를 얻을 수 있다.

자존감을 인생의 목표로 삼으면 원만한 대인관계를 맺는데 방해가 된다. 자존감이 인생의 목표인 사람들은 자신이 남들 눈에 어떻게 보이는지에만 관심을 갖는다. 그들의 인생 목표는 남보다 우월해지는 것이기 때문에 자신의 성과에 과도하게 연연하는 반면 남의 욕구와 감정은 무시해 버린다. 타인을 자신을 돕고 지지하는 존재로 여기는 것이 아니라 경쟁자이자 적으로 여기기 때문에 그들을 비난하고 그들과의 소통을 회피하려 한다. 이런 행동은 대인관계에 악영향을 미칠 수밖에 없다.

타인과의 경쟁에서 승리하는 것을 인생의 목표로 삼고 높은 자존감을 추구할수록 우울함은 오히려 더 커진다. 자존감을 추구하는 사람들은 특정한 일의 가치를 과장하고 자신의 전체적인 가치로 확대해서 생각하는 경향이 있다. 하지만 특정 분야의 성과에 의존함으로써 유지되는 조건부 자존감은 안정적이지 않으며, 실패하면 커다란 우울감에 빠지게 된다.

높은 자존감을 추구하는 사람들은 자존감이 위협받으면 자신이 상처 입지 않는 것에만 모든 신경을 쏟아붓는다. 이 때문에 문제 해결이나 객관적인 목표를 우선시하기보다 자신이 손해 보지 않는 방식으로 대응한다. 대표적인 예가 일을 미루거나 아예 회피해 버리는 것이다. 처음부터 시작하지 않는 것이 실패해서 창피를 당하는 것보다 낫기 때문이다. 하지만 그럴수록 성공할 가능성은 점점 줄어들 수밖에 없다.

심리적인 안정을 찾는 방법

자존감을 높이는 것만이 유일한 답인 것은 아니다. 자존감을 변화시키는 것 말고도 다른 방법으로 심리적 안정을 찾을 수 있다.

첫째, 완벽주의식 자기 평가를 피해라. 완벽하고 이상적인 사람이 되어야 한다는 강박관념을 버려야 한다. 자신이 완벽하지 않다는 사실을 받아들이고 흑백 논리로 자신을 평가해서는 안 된다. 실패했다고 해서 자신이 가치 없는 사람인 것은 아니다. 유연한 생각을 가지고 자신을 평가할 때 더 행복해질 수 있다.

둘째, 장점을 발휘하라. 자신의 단점에만 주목하지 말고 장점에도 관심을 기울여야 한다. 긍정심리학에서는 자신의 장점에 주목해서 그것을 발휘하라고 조언한다. 실력이든 성격이든 자신이 가진 장점에 주목한다면 자신을 긍정적으로 바라보는데 큰 도움이 된다.

셋째, 친구나 배우자의 진정한 관심과 칭찬을 이용해라. 주변 사람들이 무조건적인 사랑과 관심을 베풀고 표현한다면 안정감이 향상될 수 있다. 연구 결과에 따르면 배우자가 장점을 칭찬해주고 무조건적으로 수용해 줄 경우, 안정된 자존감이 지속된다고 한다.

넷째, 자주성과 주도성을 기르라. 자신이 원하는 것을 주도적으로 추구해야 한다. 자존감에 과도하게 집착하지 않기 위해서는 자신을 좋아하고, 자신을 있는 그대로 받아들이며, 자기 평가의 함정에 빠지지 않도록 노력해야 한다. 자신이 진정으로 원하는 것과 목표가 무엇인지 분명하게 알아야 하며, 사소한 득실에 연연하지 말아야 한다. 자기 평가나 이상적인 기준과 자신을 비교하는 것이 아니라, 가장 하고 싶고 소중하게 여기는 일이 무엇인지 생각해 본다면 안정된 자존감을 얻을 수 있다. 또한 일의 결과가 아니라 과정을 중시하면서 그 속에서 만족감을 느껴야 한다. 특정한 행위의 결과에서 자존감을 얻는 것은 위험한 일이다. 언제나 남보다 우수할 수 있는 사람은 없으며, 누구나 실패할 때가 있기 때문이다. 누구도 일의 결과를 완벽하게 통제할 수는 없다.

성공의 경험이 긍정적인 정서에 노움이 되는 것은 분명한 사실이다. 그러므로 동기와 마음가짐을 바꾸어야 한다. 일의 성패가 자신에게 미칠 영향을 생각하지 말고 자신의 목표 실현 자체에 집중하라. 일의 성패와 자기 평가를 연결하지 말고 개인적인 흥미와 실력 향상, 기본적인 욕구 충족에서 만족감을 얻어야 한다. 성공을 통해서 얻는 자존감 향상이나 허영심 충족이 아니라, 자신의 잠재력 실현에 더 주목해야 한다. 한마디로 외적인 결과가 아니라 내적인 가치 실현에 집중해야 한다는 것이다. 이런 동기의 전환이 있어야만 심리적으로 건강해지고 생활이 더욱 행복해 질 것이다.

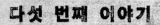

부대를
발전시키는
중대장

필자는 군 생활을 하면서 매우 운이 좋게도 좋은 선배들이 지휘한, 명성이 있는 중대들을 물려받았다. 1차 중대장 때는 수도기계화보병사단에서 강재구 소령이 지휘하던 재구 중대를 물려받았고, 2차 중대장 때는 대항군 연대에서 중대장 임무를 수행하였다. 비록 기계화보병중대와 보병중대라는 차이점은 있었지만, 중대를 물려받았을 때부터 느꼈던 굉장히 인상적인 공통점이 있었다. 바로 지속 가능한 발전이 이루어지고 있었다는 것이다. 필자가 비록 군 생활을 오래 하지도 않았고, 타인을 판단할 수 있는 대단한 안목이 있는 것도 아니며, 그들을 평가할 수 있는 자격도 없지만, 중대장으로서 부대를 경영하면서 지휘관의 가장 큰 책무가 무엇인지 그 순간 알 수 있었다. 바로 조직의 지속 가능한 발전을 이끌어내는 것이었다.

　현대 군 간부(특히 지휘관)들의 직무환경은 날이 갈수록 어려워지고 요구사항은 점차 많아지고 있다. 그리고 동기부여를 하려면 보람을 느낄 수 있어야 하는데, 이 역시 이전에 비해 어려워지면서 군 간부들의 불만이 쌓여가고 있는 것이 현실이다. 공교육 기관의 역할과 중요성이 이전 세대에 비해 희미해지고 있으며, 가정에서의 인성교육 역시 학업성취도(입시)에 밀려 줄어들고 있는 실정이다. 이러한 결과로 말미암아 대한민국 학원 문화의 부정적 측면인 학원폭력현상이 내무생활에서도 일어나고 있으며, 병사들의 체력 수준, 환경에 대한 적응력은 이전 병사들에 비해 매우 부족해진 것도 사실이다.

군의 간부들은 이러한 상황에서도 교육 훈련체계의 개혁을 통한 전투력 유지 및 발전, 병영 문화의 혁신에 대한 추동력 유지 등의 과업을 훌륭히 수행해야 한다는 압박과 관심을 받는다. 이처럼 중대장은 부대를 유지하고 전투력을 발전시키는 가장 중요한 주체로 인정받으면서도 과중한 업무와 권한의 하락으로 인해 역할 자체가 약화되고 있다.

이번 장을 통해 필자는 중대장이 현재 직면한 구조적 문제에 대해 먼저 이야기할 것이며, 그들이 부대의 발전을 위한 지렛대 역할을 하기 위해서는 어떠한 긍정적인 역할을 해야 하는지에 대해서 이야기하고자 한다. 물론 이러한 역할을 중대장이 하기 위해서는 이후에도 기술하겠지만 자신은 물론 부대가 조직 또한 공동의 책임감을 가지는 것이 매우 중요하다. 각 부대의 특색이 있으므로 필자가 기술하는 모든 것을 각 부대의 실무에 그대로 적용하기는 어렵겠지만, 공통적으로 적용할 수 있는 범용적인 부분을 기술하기 위해 노력했다. 또한 필자의 경험을 통한 실제 사례를 소개하기 위해 노력했다. 한마디로 이야기하자면, 이번 장의 모든 내용은 실천을 바탕으로 한 것이라고 할 수 있다.

필자는 그렇게 생각하지 않지만, 군 생활을 오래 하지 않은 중대장이 통찰력을 가지고 행동하는 것을 경계하는 이들이 있을 수 있다. 필자 역시 이에 동의한다. 하지만 실시간으로 변화하는 초임 간부들과 병사들의 감정을 바람직한 방향으로 움직일 수 있는 열쇠는 중대장이 쥐고 있다고 생각한다. 군 내의 어떠한 직위에 있는 인물도 급변하는 사회와 부대원들의 변화에 그들보다 더 잘 대처할 수는 없기 때문이다. 포괄적인 범위에서 변화를 위한 군의 문화적 변화를 이끌 수 있고, 사명감을 가지고 부대의 성패를 책임질 수 있는 존재는 분명 중대장이다.

중대장을 어렵게 하는 요인은
무엇일까?

구성원에 의한 요인

앞서 서두에서 밝혔지만, 현재 군의 구성원은 이전 세대 구성원들과 다른 점이 많은 상황이다. 특히 중대장들이 이러한 변화에 크게 직면하게 되는데, 그것은 사회의 변화가 점차 빨라지고 있기 때문이다. 대한민국 사회문제 중 하나인 기성세대와 신세대 간의 갈등이 군에도 영향을 주고 있는 것이다. 하지만 궁극적인 문제는 이러한 사회적 현상이 아니라 이러한 사회적 현상을 이해하려 하지 않고 받아들이지 못하는 군의 일부 구성원이다. 사회의 변화에 응당 군이 발맞춰서 변화해야 하는 것이 인지상정이나, 아직까지 발 빠르게 대응하고 있지는 못하다.

군에서 기존의 구성원보다 빠르게 변화하고 있는 이들은 바로 병사들이다. 사회의 강압적인 경쟁체제에서 전인적인 교육을 받지 못한 상태로 군에 입대하는 이들이 늘다 보니 공동생활을 해야 하고, 신체적인 활동이 가장 중요한 활동으로 인정받는 군에서 병사들은 이전 세대에 비해 적응하기 어려워한다. 그리고 요즘 가장 크게 대두되고 있는 사회문제인 왕따 문화가 군에서도 이어져 군의 많은 이가 고통 받고 있는 것 역시 현실이다. 2014년에 육군에서 발생하였던 윤 일병과 임 병장 사건에서도 볼 수 있듯이 대한민국 학원문화의 가장 어두운 부분인 왕따 문화는 우리 군에도 큰 영향을 주고 있으며, 구성원들의 고통을 야기하고 있다. 그리고 신세대 병사들은 이전과 달리 합리성과 효율성을 추구하는데, 이것 역시 이전과 달라진 점이다. 그들은 조직의 의사결정과정에 참여하고 싶어 하며, 조직의 가치와 사고를 공유하기를 희망한다. 스스로 합리적이라고 생각한다면 죽음도 불사하지만, 그렇지 않다면 이전 세대와 달리 제대로 움직이지 않는 것이다.

이처럼 요즘 병사들은 이전 세대와 많은 차이를 보인다. 때문에 간부들의 솔선수범이 어느 때보다 중요해졌으며, 이를 직접적으로 수용하며 통제해야 할 간부들의 업무 부담은 높아졌다고 할 수 있다.

간부들 역시 이전 세대의 간부들과는 많이 달라졌다고 할 수 있다. 워라벨의 영향으로 야근을 부정적으로 생각하는 경향이 커졌으며, 근무일이 아닐 때 출근하는 것 역시 기피하는 경향을 확인할 수 있다. 문제는, 병사들의 변화와 군 내부의 시스템적 변화로 인해 야근과 휴일 출근 소요가 더욱 커졌다는 것이다. 그리고 초급 간부들의 경우 병사들이 안고 있는 사회적 문제를 거의 비슷하게 안고 입대한다는 것 역시 이전과는 다른 특징이다.

이전과는 다른 양상을 보이는 병사들을 통제하는 것도 힘든데, 간부들 역시 이전 세대와는 많은 부분이 달라졌기 때문에 중대장의 임무 수행 난이도는 상당히 올라간 것이 사실이다. 하지만 이러한 문제를 해결하는 열쇠 역시 중대장이 쥐고 있다. 기성세대 간부들은 세대의 변화를 완전히 이해하기 어렵기 때문이다. 일례로 대부분의 대대장과 주임원사는 요즘 세대가 좋아하는 게임방송을 전혀 이해하지 못한다. 주로 듣는 음악 역시 완전히 다르다. 이처럼 생활 전반이 다른데 획일적인 기준을 적용해 서로를 이해하라는 것은 매우 어려운 일인 것이다. 결국 이러한 구조적 문제의 해결책은 중대장들이 쥐고 있다. 기성 간부와 신세대 장병의 연결고리 역할을 하면서도 전투력 창출이라는 과제를 해결해야 한다는 숙제가 중대장들에게 주어져 있는 것이다.

군의 구조적 원인

  필자는 중대장이 모든 일을 도맡아 하기보다는 중대의 경영이라는 측면에 집중하기를 바란다. 하지만 병력 관리, 행정적인 현황 파악, 부대 내 시설을 관리하는 것까지 중대장(경우에 따라서는 소대장)의 책임이 되는 경우가 많다. 중대장의 역할을 언급할 때, 부대의 전투력을 유지하고 전통을 유지할 것이라는 기대감을 갖는다. 거기에 앞서 언급한 것들이 포함되는데, 이러한 과업을 중대장이 모두 수행하기는 불가능에 가깝다. 그러다 보니 전투력을 유지하는 활동이나 부대의 전통을 유지하는 활동은 등한시하게 되고, 상급부대와 관련된 활동인 행정활동과 상급부대의 지침이나 전파사항을 전파하는 단순한 역할에 치우치게 되는 것이다. 이러 측면이 중대장들로 하여금 본연의 책무를 수행하는데 부정적인 요인으로 작용하고 있는 것이 현실이다. 단순한 작업을 통제한다던지 급양 감독을 하는 활동은 중대장이 해야 할 역할이 아님에도, 많은 수의 중대장이 이러한 과업을 수행하면서 정작 자신의 본연의 업무는 하지 못하고 있다.

다시 언급하겠지만, 중대장들은 자신이 직접 많은 활동을 하는 것 역시 중요하지만, 본연의 역할을 하기 위해 자신이 가지고 있는 인적·물적 자원을 배분할 수 있어야 한다. 하지만 많은 수의 중대장이 과업에 비해 적은 인적·물적 자원을 바탕으로 임무를 수행하기 때문에 결국 인적·물적 자원을 적재적소에 활용하는 방법을 고민하기보다는 지금 당장 해결해야 할 업무에 인적·물적 자원을 전력투구하는 형식의 업무처리 방법을 쓰게 되는 것이다.

이처럼 현재 중대장들의 '역할'은 존재 목적에 맞지 않는다. 만능 해결사가 아닌 이상, 누구도 중대장의 역할을 홀로 수행할 수 없기 때문이다. 바로 이런 점이 악순환의 원인이 된다고 필자는 생각한다. 이러한 상황이 계속되다 보니 중대장들은 유능한 리더로 발돋움하는데 실패하고 있다. 중대장을 경험한다는 것은 개인의 역량이나 기능뿐만 아니라 리더, 조직원, 상황이라는 세 요소의 상호작용을 이해하고 조정할 수 있는 능력을 갖췄다는 것을 의미해야 하는데, 중대장으로서 이러한 능력을 갖추기 점점 어려워지고 있는 현실이다. 이런 상황 때문에 군이라는 시스템 속에서 중대장 본연의 업무에 집중할 수 있는 인물은 소수의 유능한 인원만이 가능한 것이다.

긍정적인 문화를 만들어라

어려움에도 불구하고

필자가 이번 장을 구상한 이유는 중대장으로서 중대를 이끌어야 할 중대장들을 위함이다. 하지만 거기서 끝나지 않고 중대장의 역할 개선에 관심이 있는 상급부대의 지휘관 및 참모를 위해서이기도 하다. 앞서 필자는 중대장직의 어려움이 많다는 것을 이야기했다. 이 책을 읽고 있는, 곧 중대장이 되거나 현재 중대장으로서 근무하고 있는 독자들은 이러한 제한사항에 부딪히게 될 것이다. 하지만 이러한 제한사항에 비관하여 중대장 본연의 역할은 하기 어려운 것이라고 치부하거나 군의 시스템이 정비될 때까지 기다려야 한다고 생각하지는 않길 바란다. 변화는 구성원들이 모두 최선을 다해 노력했을 때 생기는 것이지, 환경에 굴복했을 때 생기는 것이 아니기 때문이다.

필자가 지금부터 이야기하고자 하는 긍정적인 조직 문화를 만들어 가는 방법은, 중대장이 중대의 발전을 이끌어 가기 위한 기반을 마련해주는 가장 기본적인 것이며 지속적인 발전을 이끌어내는 열쇠일 것이다.

구성원들의 능력을 향상시켜라

리더에게 가장 중요한 능력은 그 리더 아래서 성장한 조직원들이 성공하도록 만드는 것이다. 많은 사람이 중대장의 리더십은 굉장히 발현되기 어렵고 실현하기는 더욱 어렵다고 생각한다. 중대장의 리더십이란 현명한 판단을 하거나 큰일을 하는 것이 아니다. 같이 근무하는 사람들의 열정을 일깨워 더 좋은 판단을 할 수 있게 하고, 더 나은 일을 할 수 있도록 하는 것이다. 다시 말하자면 사람들의 내면에 잠재해 있는 긍정적인 에너지를 이끌어내도록 돕는 것이다. 효과적인 리더십이란 위임된 권한보다 더 큰 영감을 구성원들에게 주고, 자신이 통제할 때보다 구성원들이 더 많은 일에 관여하게 하며, 리더로서 솔선수범하는 것이다. 중대장으로서의 리더십은 무엇보다도 구성원을 끌어들임으로써 모든 것이 가능하게 만들고, 그 결과로 다른 사람들까지 그렇게 하도록 동기를 부여하는 것이다.

중대장은 획일화되어서는 안 된다. 주어진 임무는 언제나 다양하며, 환경은 더욱 다양하다. 구성원들 간에 각기 다른 장점이 있어야 모든 상황에 대처할 수 있다. 서로의 색깔이 다르다고 그 조직이 형편없는 것은 아니다. 여러 기회를 통해 서로의 장점을 흡수시키면 더욱 강한 중대를 만들 수 있다.

구성원들 간 의사소통 환류를 활성화시켜라

필자가 긍정적인 중대 문화를 만들어야 한다는 주제로 이야기를 하고 있기는 하지만, 조직의 리더로서 조직문화를 개혁하는 것은 매우 어렵다. 왜냐하면 부정적인 역할을 하는 조직의 기존 시스템과 조직의 기존 문화가 상존해 있기 때문이다. 그중에서도 조직원 간의 의사소통 방식은 무엇보다 중요하지만, 조직마다 그 모습이 천차만별로 다르다. 때문에 의사소통 환류를 활성화하는 것이 중요하다는 것을 인식하면서도 많은 군의 리더들이 이 목표를 달성하지 못한다. 이는 중대장의 경우에도 마찬가지이다. 중대장은 자신이 참여하는 의사소통 환류뿐만 아니라 조직원들 간 의사소통 환류 역시 활성화할 책임이 있다. 그리고 이러한 책무를 완벽히 수행하면, 조직의 지속적인 발전에 가장 큰 공헌을 하게 된다.

구성원들 간 의사소통 환류를 활성화하는 것은 조직 내부의 의사소통 환류를 의미하기도 하지만, 인접 중대나 다른 상급부대와의 의사소통 환류를 의미하기도 한다. 각 중대에서 수행된 좋은 사례나 생각, 경험이 공유되는 것에 제한사항이 없다면 이러한 아이디어나 경험은 공유되고, 동일시되며, 결과적으로 부대의 전체적인 전투력 발전에 기여할 것이다. 각개 부대가 시스템이라는 큰 나무의 각 부위로 제 역할을 할 수 있게 되는 것이다. 이러한 타 부대와의 협력은 내부적인 발전을 위한 밑거름이 되기도 한다.

조직의 리더로서 조직이 좋은 평가를 받도록 만들어라

　조직 구성원들의 조직 만족도와 해당 조직의 평판은 아주 밀접한 관계가 있다. 조직의 긍정적인 평판은 구성원들의 조직 만족도를 높이는 하나의 요인이기 때문이다. 조직이 좋은 평가를 받는다면 구성원들은 자연스럽게 자신의 업무에 몰입하도록 동기를 부여하며, 조직의 성과를 위해 자신이 공헌해야 한다는 목적의식을 가지게 된다. 때문에 조직의 긍정적인 평판은 리더의 절대적인 영향을 줄이는 역할을 하게 된다. 조직원 모두가 조직의 성공을 달성하고자 하는 굶주림을 일으키기 때문이다.

전투력을 발휘할 수 있는
문화를 만드는데 집중하라

꼭 필요한 교육 훈련을 해라

군 본연의 임무 중 가장 중요한 임무는 바로 전투력을 유지하고 발전시키는 것이다. 전투력을 유지하고 발전시키기 위해서는 교육 훈련이 필요하다. 때문에 교육 훈련의 질을 향상시키는 것은 무엇보다 중요한 일이다. 때문에 중대장으로서 성과를 이루기 위해서는 교육 훈련의 질적 향상에 초점을 맞춰야 한다.

교육 훈련의 질을 향상시키기 위해서는 개별 학습자들의 학습 욕구에 반응할 수 있도록 더욱 정확하고, 적합하며, 전문적인 시스템을 갖추어야 한다. 물론 이러한 변화를 위해서는 교육 훈련 개혁에 대한 중대장의 믿음과 교육 훈련에 대한 깊은 이해, 그리고 도덕적 의지가 필요하다. 그리고 교육 훈련 현장에서 실질적으로 교육 훈련을 발전시킬 수 있는 현장전문가 또한 필요하다. 상황에 따라 다르겠지만 병사(혹은 일부 간부)들에게 꼭 필요한 교육 훈련을 제공할 수 있도록 일일 단위의 사후검토, 중대장의 지시와 결심을 통한 중대 내부의 시스템 정착이 필수적이다. 교육에 있어서 정확하고 분명한 방향성을 바라는 병사들의 요구에 부응하기 위해 누구라도 사용할 수 있는 판행석인 방법의 교육 훈련이 아니라, 부대의 수준과 필요에 따른 교육 훈련을 시행해야 한다는 의미다.

물론 이러한 방법을 시도하기 위해서는 기본적으로 교육 훈련을 시행하는 교관들이 교육 훈련 이외에는 과중한 업무를 가지고 있지 않아야 한다. 그리고 바로 이러한 부분에서 중대장의 역량이 발휘되어야 한다. 중대의 구성원들이 더 쉽고, 더 효과적으로, 더 보람 있게 훈련을 할 수 있는 환경을 제공해야 할 책임이 중대장에게 있는 것이다.

객관적인 지표를 교육 훈련에 접목하라

군 내부에서 유통되는 교범을 살펴보면 각각의 전투 행동에서 요구하는 수준이 나와 있다. 교육 훈련을 설계하고 계획함에 있어서 이러한 객관적 지표를 교육 훈련에 적용하면 성과 위주의 교육 훈련을 계획하기에도 편하고, 부대원들에게 훈련계획을 설명하기에도 용이하다(이전에는 그러지 못하였지만, 요즘에는 모바일로도 교범 서비스에 접촉할 수 있기 때문에 부대 외부에서도 자투리 시간을 활용하여 교육 훈련을 구상할 수 있어서 매우 용이하다). 물론 그 이외에도 객관적인 지표는 체계적인 과제 단위 교육 훈련을 통해 부대의 전투력을 지속적으로 향상시키는데 매우 중요하다.

다시 말하지만, 객관적인 지표를 교육 훈련에 접목하는 것은 매우 중요하다. 모두가 손쉽게 이해할 수 있는 것은 물론이고, 조직의 전투력을 한눈에 확인할 수 있으며, 무엇보다 목표를 제시하고 이를 이행하는데 의심할 여지가 없기 때문이다.

개선 지향적인 문화를 만들어라

교육 훈련의 책임자들이 자신의 책무를 다하고, 그것을 성과와 지속적으로 연결하는 것을 부대의 시스템으로 정착시키는 것은 매우 어려운 일이다. 이러한 문화를 가지고 있는 조직이 매우 적다는 것은, 그러한 문화를 만들어서 지속시키는 데에 얼마나 많은 노력과 관심이 필요한지를 반증해준다. 물론 그러한 문화를 만드는 데 중대장의 역할이 지대하다는 것은 따로 이야기하지 않아도 알 수 있을 것이다. 이러한 문화를 유지하기 위해서는 리더를 비롯한 조직원 모두가 배우기 위한 노력을 지속해야 하고, 교육 훈련을 개선하기 위한 관심을 계속 가져야 한다. 이러한 개선 지향적인 문화가 정착된 중대에서는 긍정적인 변화를 가져올 수 있다고 알려진 (혹은 그렇다고 추론되는) 일에 조직원 모두가 집중하게 된다. 이처럼 긍정적인 문화가 정착된 중대에서는 구성원 모두가 몇 가지의 항목에 집중하기 때문에 새로운 시도를 하더라도 그 시도에 대한 피드백이 빠르다. 때문에 올바르지 않은 방향으로 시도했더라도, 에너지 낭비가 다른 조직에 비해서 적다. 이러한 노력이 쌓여서 일반적인 조직과는 다른, 필수적인 목표에 구성원 전체가 노력을 기울이는 조직의 모습을 갖추게 된다.

개선 지향적인 조직 문화를 만들 때, 교관 역할을 하는 사람들 역시 매우 중요하다. 필자가 중대장으로서 임무를 수행할 때 교육 훈련의 책임자(교관)에게 원했던 세 가지가 있었는데, 그 내용은 아래와 같다.

첫째, 자신이 책임지는 과목의 핵심적인 지식을 알고 있을 것.

둘째, 자신이 능력을 발휘하여 자신이 알고 있는 지식을 전파할 수 있는가.

셋째, 객관적인 지표를 통하여 리더(중대장)에게 교육의 성과를 입증할 수 있는가.

군 생활을 하면서 많은 교관을 옆에서 지켜봤고, 교육도 받아보았다. 그 결과 교관이라면 위의 세 가지는 할 수 있어야 한다고 판단했고, 그래서 중대장이 된 이후 개인적으로 교관들에게 위 세 가지를 요구했다. 다소 시간이 지나 깨달은 것은, 위 세 가지 덕목은 지속 가능한 발전(지속적인 일관성)을 이뤄내기 위해서는 필수적인 덕목이라는 것이다.

소주제를 마무리하며

필자가 작성한 이번 소주제는 중대장으로서 전투력을 향상시키는 방법에 대해 기술하였다. 2번의 중대장 생활과 한 번의 교육장교 생활을 하면서 고효율 조직체를 만들기 위한 핵심요소를 찾으려 노력했고, 필자가 나름대로 결론을 내린 사항과 개인적이지만 긍정적인 경험을 혼합하여 이번 소주제를 기술했다.

단기간에 필자가 소개한 방식을 성취하기는 어려울 것이다. 인정한다. 단기간에 필자가 소개한 바를 이룰 수 있는 중대는 대한민국에 몇 되지 않을 것이다. 그리고 이러한 변화를 선도하기 위해서는 중대장의 위대한 헌신이 지속적으로 이루어져야 한다. 중대장은 교육 훈련 현장에 가장 가까이 위치해 있는 리더 이기 때문에, 높은 도덕성을 가지고 자신이 담당하는 조직의 전투력을 책임져야만 한다. 그리고 전투력의 향상에 대한 탐구를 멈추어서는 안 된다. 그렇게 함으로써 전투력을 향상시키는 것이 부대 업무 중 가장 중요한 위치에 있다는 것을 조직원에게 확실히 각인시켜야만 한다.

시스템의 윤활유 역할을 하라

구성원과 의미 있는 상호작용을 하자

구성원들을 조직의 목표에 몰입시킬 수 있느냐에 대한 문제는 조직이 목표를 달성하느냐 마느냐의 성패를 가르는 지휘관의 중요한 소양 중 하나이다. 어느 조직이든 인적 요소가 가미된 시스템에서 결속력을 강화해주는 것은 항상 사회적인 것이다. 중대는 살아 있는 유기체와 같다. 최대한 많은 업무를 시스템화시켜야 한다. 중대장은 구축된 시스템을 감독하고, 개선하고, 발전시켜야 한다. 시스템을 정상적으로 움직이는 것은 조직 리더가 중추가 되는 인간과 인간 사이의 커뮤니티 기능이다. 시스템의 기능적 요소에 집중한다면 상향식, 하향식 방법으로는 조직의 기능을 온전히 발휘하기 어렵다는 것을 알 수 있을 것이다. 특히 중대급 규모의 조직을 운영할 때 중요한 것은 구성원들 간의 실시간 의사소통이다. 다시 말해 중대 규모의 조직에서 응집력과 집중은 상명하복 방식보다는 동료들 간의 상호작용을 장려할 때 가장 크게 발휘될 수 있다는 것이다.

중대 내의 상호작용이 중요한 만큼, 중대 외적인 상호작용 역시 매우 중요하다. 중대장들이 인접 중대장들, 상급부대의 참모들과 교류해야 하는 여러 가지 이유가 있다. 만일 중대장이 중대를 독립적으로 운영하게 되면 중대 내의 시스템이 아무리 협력적이고 성공적이라 할지라도 그러한 리더십이 계속되면 언젠가는 반드시 취약해져서 문제가 발생하기 때문이다.

만일 연대에 소속된 전 중대장들이 협력적인 문화 속에서 업무를 처리하고 있다면, 연대의 조직원들은 자신의 중대장 이외에도 다른 중대장들이 일하는 모습을 보면서 배울 수 있을 것이다. 경우에 따라서는 다른 중대장들이 자신의 중대장보다 더 많은 성취를 이루는 것을 지켜보고 중대의 구성원들이 적절한 압력(자발성과 의무감이 적절히 조화된 동료로부터의 압력)을 넣을 수도 있을 것이다. 물론 자신이 중대장으로서 배우거나 연구한 내용을 다른 중대장과 공유할 수 있다면 조직의 발전에 긍정적으로 기여할 수 있을 것이다. 그리고 이러한 발전이 결국은 자신의 조직을 강화하는 효과를 가져올 것이다. 이처럼 상급부대에 도움이 되는 활동은 결국 중대장이 통제하는 중대 내의 시스템에도 긍정적인 효과를 가져오게 된다.

상급부대의 발전에 기여하라

중대는 대대의 일부이며, 대대는 연대의 일부다. 연대는 또한 사단의 일부이며, 사단은 군단의 일부이다. 군단은 사령부의 일원이며, 사령부는 육군의 일부이고, 육군은 대한민국 군의 일원이다. 이처럼 중대는 수많은 상급부대를 가지고 있다. 대한민국이 발전하면 국민의 삶의 질이 향상되듯이, 상급부대가 발전하면 중대장이 지휘하는 중대 역시 자연스럽게 발전하게 된다.

때문에 중대 역시 상급부대의 일부로서 상급부대의 목표 달성에 기여하고 상급부대의 발전에 아이디어를 제공해야 한다. 물론 상급부대의 변화에 발맞춰야 하는 것 역시 필요하다. 이 과정에서 중대장의 바람직한 모습은 동료 중대장 및 상급부대 참모와 수평적인 상호작용에 참여하는 것이다. 앞서 필자가 설명하였듯이, 이러한 의사소통은 중대장 자신에게 도움이 될 뿐만이 아니라 자신이 지휘하는 중대, 나아가 다른 중대에도 도움이 되며 이는 상급부대의 발전에 기여하는 것이다. 여기서 중요한 것은 상급부대의 자산 또한 자신이 활용할 수 있어야 한다는 것이다. 상급부대의 참모들이 예하부대에게 많은 도움을 줄수록 부대는 자체적으로 발전하게 된다. 그렇기 때문에 상급부대 참모와 쌍방향적 관계를 만들기 위하여 노력해야 한다.

전체 시스템의 일부가 되어라

부대를 운영함에 있어서 전체적인 시스템은 사단 혹은 군단, 혹은 연대 단위로 구분되게 된다. 때문에 일부 중대장은 사단이나 군단 차원의 시스템은 중대의 현실과 동떨어져 있다고 이야기하기도 한다. 하지만 중대 역시 상급부대의 일부이자 거대한 시스템의 부품으로서의 기능을 해야 하므로, 중대장들은 시스템의 전반적인 흐름에 해당되는 큰 그림과 중대의 특수성, 중대원들의 성향에 관련된 세밀한 그림을 동시에 바라볼 수 있는 역량이 필요하다. 중대장들은 부대 운영의 정밀함을 갖추고, 지속적인 발전을 위하여 끊임없이 고민해야 한다는 뜻이다. 특히 상급부대 지휘관, 참모의 의도를 파악하고 자신과 부대원이 함께 수행하는 임무를 상급부대의 요구에 연결할 수 있어야 한다.

중대장은 중대의 대표이자 중대의 모든 일에 책임을 져야 하는 사람이다. 중대의 제한사항은 무엇인지, 참모들에게 요구해야 하는 것은 무엇인지에 대해 정확히 알고 있어야 한다.

앞서 이야기한 측면을 이해하지 못하는 중대장들은 중대의 현실과 상급부대의 요구가 거리감이 있다고 생각할 수 있다. 그렇게 되면 중대장은 중대원들을 보호한다는 명목으로 상급부대를 적으로 두는 경우가 생긴다. 하지만 상급부대의 목표 달성에 기여하고 군에 이바지하기 위해서는 상급부대의 요구와 자신이 지휘하는 중대의 연결 지점을 찾을 수 있어야 한다. 이때 상급부대의 요구사항과 자신이 지휘하는 중대의 현실이 지닌 공통점을 발견하여 업무를 추진할 수 있는 식견이 중요하다. 결코 상급부대를 적으로 두어서는 안 된다.

그렇기 때문에 상급부대의 요구는 일선의 중대장들이 쉽게 받아들일 수 있는 일반적인 요구이어야 한다.

필자가 지금 이야기하고 있는 시스템과 중대장과의 관계가 중요하고, 우리가 모든 것을 이해하는 이유는 군이라는 거대하고 복잡한 시스템 속에서 중대라는 조직의 응집력과 일관성을 유지하는 것이 중대장이 궁극적으로 해결해야 할 임무이기 때문이다. 이러한 문제들은 상급자의 직접적인 명령이나 통제방식의 변화를 통해서는 해결할 수 없는 문제이다. 구성원들의 환경과 의견이 다르기 때문이다. 그러므로 간접적인 방식의 접근이 필요하다. 목적의식이 있는 구성원 간의 상호작용을 종횡으로 자극하는 것은, 거대한 시스템이 목표에 집중할 수 있도록 만드는 한 가지 방법이다. 조직의 상층부에 있는 리더들의 의견일치만으로는 시스템 안에서 응집력을 발휘하기가 어려운데, 이는 리더들의 숫자가 영향력을 발휘하기에는 너무 적기 때문이다.

그러나 만약 구성원들이 응집력을 만드는 것에 참여한다면 충분한 힘이 생겨 목표로 했던 응집력을 달성할 수 있게 된다. 그리고 충분한 근거를 바탕으로 구성원 간의 의사결정이 이루어지기 때문에 실천 효과가 미약한 것들은 사라지고 효과적인 것들만 남게 된다. 이것은 사회적 과정이기 때문에, 꾸준히 지속되는 것들은 그 자체만으로 의미와 역량이라는 두 가지 측면에서 구성원과 공유할 수 있게 된다. 다른 사람에게 영향을 주지 못하는 극단적인 고립 상황과 다수가 개인의 생각을 무시하는 집단적 사고가 이루어지는 상황을 피하기 위해 노력하는 것이 가장 중요하다.

물론 이러한 과정이 순조롭지만은 않을 것이다. 이를 실천하는 과정에서 조직의 리더가 조율해야 할 문제가 발생할 수 있기 때문이다. 그러나 올바른 방향으로 진행된다면 매우 효과적인 방법임이 분명하다.

중대장이라는 직책은 과거에 비해 업무 부담이 심화되었고 더 큰 중압감에 시달리게 되었다. 하지만 이와 동시에 좀 더 심도 깊고 폭넓은 역할을 할 수 있는 가능성을 지니게 되었다는 점은 매우 긍정적인 측면이다. 중대라는 시스템 내에서의 일관성과 응집력은 중대장의 역할 개선 없이는 결코 보장되지 않는다. 중대장의 역할이 시간이 지날수록 중요해지는 이유이다.

에필로그

높은 산을 정복하고자 한다면 먼저 베이스캠프를 설치해야 한다. 베이스캠프는 높은 산을 향한 이들의 이정표가 되며, 그 덕분에 긴 여정을 준비할 수 있다. 산이 험하고 가야 할 길이 멀수록 베이스캠프의 역할은 중요하다. 이는 우리 대한민국의 청년들도 마찬가지다. 우리 군은, 청년들의 베이스캠프 역할을 해주어야 한다.

요즘 대한민국 청년들은 걱정이 너무 많다. 자신의 미래를 확신할 수 없고, 자신의 행동 또한 충동적이라는 것을 알기 때문이다. 이런 이들에게 군 간부들이 조언을 하는 것은 분명 그들을 사랑하기 때문이다. 하지만 이러한 사랑이 가치 있으려면 그들의 심리와 문제를 알아차리는 것이 필수다.

병사들을 믿기 위해 가장 먼저 필요한 것은 병사들의 마음을 이해하는 것이다. 병사들에 대해 이해해야 하는 이유는 그들의 돌발적인 행동에 효과적으로 대응하기 위함이기도 하지만, 근본적으로는 그들을 신뢰하기 위함이다. 신뢰란 상대의 생각과 행동을 믿고 따라갈 수 있는 힘이다. 우리가 지도하는 병사들이 의미 있는 삶을 추구하고자 노력하고 있다는 것을, 각각의 병사에게 잠재력이 있다는 것을 믿어야 한다. 정해진 기준으로 병사들을 평가하면 못 미치는 부분만 보이고 걱정하기 쉽지만, 병사들의 개성과 변화하는 과정을 이해하면 더 다양한 가능성이 눈에 보인다. 내가 지도하는 병사가 변화한 이유를 알고, 소통하는 법을 배워 병사의 속마음을 읽고, 병사가 가고자 하는 방향을 알면 사랑하고 믿는 마음은 자연스럽게 생겨난다. 그러면 그들이 문제에 스스로 대처할 수 있다는 것과 사회에 잘 적응할 수 있다는 것을 믿을 수 있다.

간부들이 병사들을 믿으면 병사들의 내면에도 자신에 대한 신뢰가 자라난다. 병사들 역시 간부들을 믿고 따르기 때문에 간부의 믿음과 기대를 저버리지 않는다. 간부들이 관심을 가지고 응원한다는 것을 알고 있는 병사들은 성장을 향한 노력을 멈추지 않는다. 그리고 대부분의 병사는 간부들이 생각하는 것 이상으로 현명한 결정을 내린다. 잘못을 저지더라도 더욱 성숙한 모습으로 돌아오는 것이다. 우리는 그 가능성과 그들의 능력을 믿고, 그들이 스스로의 역량을 발휘할 수 있는 환경을 만들어주어야 한다.

군 복무를 하는 병사들을 지탱해주는 것은 바로 간부들의 사랑이다. 간부들이 자신의 존재를 기쁨으로 여기고 있다는 사실을 알게 된 병사들은 삶이라는 여정을 떠날 준비를 하기 시작한다. 조건 없는 사랑으로 긍정적인 영향을 받은 병사들은 자신의 능력을 마음껏 발휘하고, 곧 마주하게 될 사회를 두려워하지 않는다. 누가 뭐라 해도 삶의 주인공이 자신임을 알게 되고, 긍정적이고 건강한 사회인으로 성장하는 것이다.

대한민국 청년들에게 군 생활은 어렵고 복잡한 미지의 영역이지만, 그들에게 있어 마지막 교육의 기회이기도 하다. 병사들은 놀라운 속도로 적응하며 군에 자신을 맞춰 간다. 간부들은 거기에 맞춰 병사들이 적절한 성장을 이룰 수 있도록 도움을 주어야 한다. 도움을 주면서 간부들 역시 인격적인 도야를 이루게 되는 것은 당연하다.

끊임없이 병사들을 생각해야 하고, 그들의 성장을 도와주어야 한다.
그들이 대한민국의 마지막 희망이자 미래이기 때문이다.

과학화훈련단에서 여러분의 동료 서준혁 대위가

- FIN -